野良猫の拾い方

東京キャットガーディアン・監修

はじめに

昨今、動物保護の気運が高まり、ペットはペットショップで買うという時代ではなくなりつつあります。買うのではなく、保護しよう。そんな時代になりつつあります。

しかし実は、猫に関しては、昔からペットショップで買うものではありませんでした。もちろん、ペットショップやブリーダーから純血種の猫を求める方もたくさんいます。でも、……あのコも、あのコも、あの猫も。身近で飼われている猫を思い浮かべると、その多くが「元野良猫」ではありませんか？

そうなのです。猫はもともと、拾ったりもらったりして飼い始めることが多いペットなのです。であるにも関わらず、野良猫の拾い方を書いた本がないのはどうしてだろう。あってもいいのにね。だって野良猫を拾うにはコツがあるものね。そんなところから、この本の企画はスタートしました。

野良猫を拾うのにも、元野良猫と暮らすのにも、コツがあります。本書では、これから野良猫をわが家の猫として迎えようという方々に向けて、知っておくべきコツをまとめました。必要な医療ケアをはじめ、赤ちゃん猫の育児法も、人への馴らし方も、微にいり細にうがちていねいに説明しています。長年、野良猫の保護活動に携わってきた人々の叡智《えいち》の結晶です。

猫とともに生きる人生は幸せです。人とともに生きる猫もまた、幸せです。この本が、あらゆる人とあらゆる猫が幸せに生きるための一助になれましたら、これほど嬉しいことはありません。

CONTENTS

1 拾う

2 育てる

3 馴らす

Column

4 知る

5 守る

東京キャットガーディアン代表
山本葉子の保護猫エピソード

幸せになった元野良猫たちをご紹介

1　拾う

拾うべきか、拾わざるべきか

「近所に気になる野良猫がいる。拾って飼いたい」「自分では飼えないけれど、拾って里親を探したい」。そんな方のために、この本では野良猫の拾い方を紹介していきます。しかし実行に移す前に、いくつか確認しておかねばならないことがあります。まずひとつは、「本当に野良猫なのか」ということ。もしかしたら誰かの飼い猫や迷い猫の可能性もあるからです。

首輪がついていれば飼い猫とわかりますが、首輪をつけずに放し飼いをしている飼い主もいます。また、普段は室内で飼われている飼い猫が脱走して外にいる場合、首輪はもともとつけていないか外れてしまっていることもあります。首輪をしていないから野良猫、とは限らないのです。

見分け方ですが、よちよち歩きの子猫は、ほぼ間違いなく野良の子猫といってよいでしょう。大声で鳴いている子猫は、母猫とはぐれて鳴いているのです。母猫がそばにいるなら鳴き声を聞きつけて飛んで来るはずですが、すぐに来ないならその子猫は母猫と離れて迷子になってしまったか、育児放棄された子猫です。猫の世界では、母猫が育児放棄することがしばしばあります。そのままにしておくとその子猫は死んでしまう確率が高いので、ぜひ保護してあげてほしい例です。

よちよち歩きではなく、子猫だけれども俊敏に動

く猫、あるいは成猫の場合、その猫がいつも決まった場所にいるなら、近所の人に猫の情報を聞いてみるのもよい手です。飼い猫であれば飼い猫だと教えてもらえるでしょう。耳の先にV字のカットがある猫は、これ以上野良猫が増えないように去勢・不妊手術をされた猫である証しです。ですから野良猫の可能性が高いでしょう。

耳先がカットされた猫のなかには、地域猫（128ページ参照）としてお世話されている猫もいます。誰かが毎日決まった時間に決まった場所でエサを与えているので、これも近所の人に情報を聞いてみるといいでしょう。エサをやっている人がわかったら、その人に猫の保護を協力してもらうのがいちばん間違いがありません。

迷い猫かどうかを確かめるには、迷い猫の情報を載せるサイトがいくつかあるので、そこで地域などを限定して検索してみてください。もしくは地域に迷い猫の張り紙がしてある場合もありますので、電柱や掲示板などを注意して見てみましょう。やはり

迷い猫だということがわかったら、ぜひ飼い主に連絡してあげてください。

以上のチェックをしたうえで、放し飼いの飼い猫でもなく迷い猫でもないだろうと思われた場合は、保護にふみきってもらえたらと思います。ただし一例だけ、慎重に考えたいケースがあります。それは離乳前の赤ちゃん猫と母猫です。赤ちゃん猫が無事に育っていて母猫も健康そうなら、そのままにしたほうがいい場合も多いのです。

というのも、赤ちゃん猫を育てるのは母猫がいちばん上手だからです。人間が赤ちゃん猫を育てるのも不可能ではありませんが、やはり母猫には敵いません。赤ちゃん猫だけを保護してもうまく育てることができない場合が多いのです。それなら母親も一緒に保護すればいいという考え方もありますが、育児中の母猫は神経質になっています。突然の環境の変化に母猫がストレスを感じて赤ちゃん猫に危害を加える場合もあり、実際はうまくいかない場合が多いのです。よほど経験豊かな人でないと後悔することになりかねません。

もうひとつ、野良猫を保護する前に絶対にやっておきたいことがあります。それは、動物病院を探しておくこと。野良猫を保護したらまず動物病院に連れて行く必要があるのですが、病院によっては野良猫を診てくれないところもあります。猫を保護したあとで困らないよう、あらかじめ病院の目星をつけ、野良猫を診てもらえるかどうか確認しておきましょう。

POINT

- **本当に野良猫かどうかをリサーチする**
- **離乳前の赤ちゃん猫と母猫の保護は慎重に**
- **保護する前に動物病院を探しておく**

捕獲のコツは、事前の準備と平常心

野良猫を保護するとはつまり、捕獲をするということ。ですが素手で捕まえられる野良猫はごくわずかです。よちよち歩きの赤ちゃん猫やよほど人馴れしている猫でなければ、素手での捕獲は不可能です。人馴れしている猫でも、とっさの場合には噛みついたり引っかいたりすることもあるので油断できません。

ではどうやって捕獲するかというと、専用の捕獲器やキャリーケースを使います。捕獲器は猫のボランティア団体や動物病院、市区町村の担当部署などから借りられます。

しかし、捕獲器を入手できたからといって、初心者がすぐに目的の猫を捕獲できるとは限りません。捕獲にはコツが必要ですし、相手の猫の心理を察しながら作戦を変えていくことも必要。なかなか高度なテクニックがいるものなのです。こうしたことに長けているのは保護猫活動や地域猫活動（128ページ参照）を行っているボランティアさんです。地元のボランティアさんに協力してもらえるならそれがベストの方法でしょう。

また、捕獲器の場合もキャリーケースの場合も、野良猫はその中に入っているエサを目当てに入ります。いきなりポンと行って捕まえられる場合もあるにはありますが、確実なのは餌付けをすることです。毎日同じ時間に同じ場所で餌付けをすれば、必ずその時間・その場所に現れるようになるので、その猫を捕まえられる可能性はぐんと高まります。近所の方には「野良猫を保護するために餌付けをしています」と説明するとよいでしょう。「無責任にエサやりをして、野良猫を増やしている」と勘違いをされなくて済みます。

毎日その猫にエサをやっているエサやりさんの協力を得るのも同じことです。毎日のエサやりの時間に一緒に行かせてもらい、エサで釣って捕獲します。エサやりさんがいるようだけれども出会えないときは、エサやりをしている場所に「猫を保護したいので連絡ください」という張り紙をして連絡を取りましょう。もしくは、「○月○日、猫を保護するために捕獲したいので、その日だけエサやりを中止していただけると助かります」という張り紙をするとよいでしょう。エサやりさんが捕獲の前にエサを与えてしまっておなかいっぱいになると捕獲が難しくなるからです。

このように捕獲は、捕獲そのものよりも事前の準備にすべてがかかっているといっても過言ではありません。

捕獲当日の心得としては、何よりも平常心です。捕獲の際に平常心でいられないと、猫はいつもと違う空気を察知して逃げてしまいます。いわゆる「捕まえるぞオーラ」は禁物。大声や焦ったような動きをすると猫は警戒しますし、じっと見つめ続けるのもいけません。目の端で猫を確認しながら「キミのことなんか気にしていないよ」というフリで臨むのが捕獲のコツなのです。

POINT

- **キャリーか捕獲器を用意する**
- **捕獲前に餌付けをしておくと確実**
- **「捕まえるぞオーラ」は禁物**

手で保護する場合

よちよち歩きの幼い子猫や、人馴れしていて触れる猫は、手で保護することもできます。ただし暴れて噛みついたりする恐れもあるので注意が必要です。

手で捕まえるPOINT

1

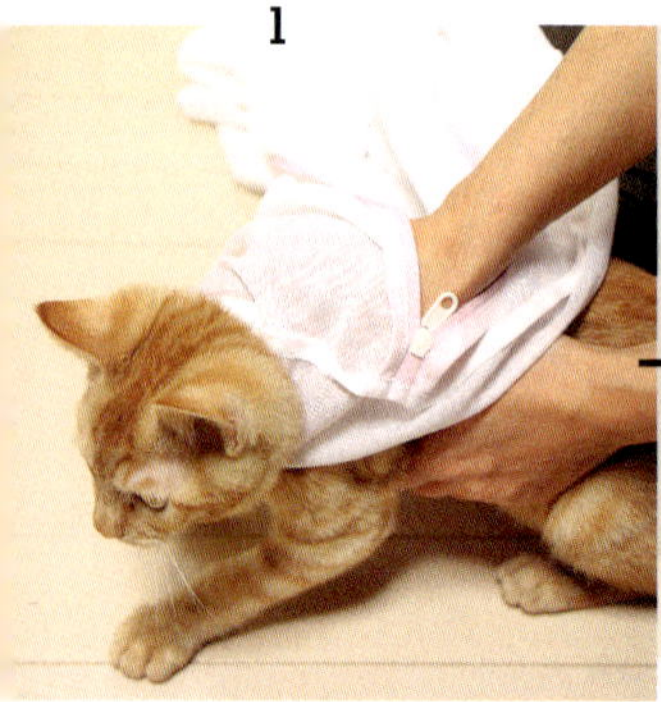

洗濯ネットのチャックを開けて裏返しにして持ち、洗濯ネットごしに猫の首の後ろをつかみます。

2

猫の首をつかんだまま、もう片方の手で洗濯ネットを表に返し、猫の体を包みます。頭のほうから先にネットを被せるのがコツ。

3

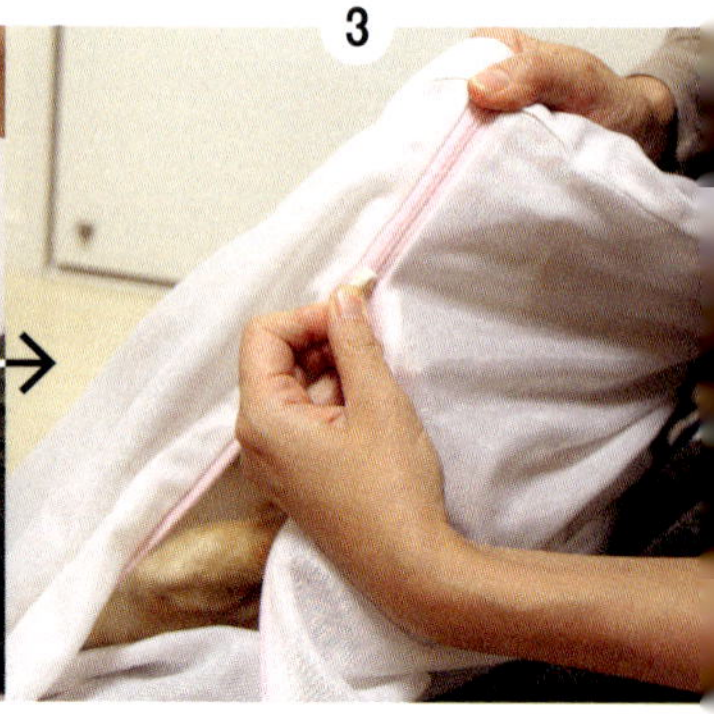

猫を中に入れてチャックを閉めます。これで保護完了。洗濯ネットに入れたままキャリーケースに入れて運びます。

※地面にエサを置き、それを猫が食べているときなどに行うと保護しやすいです。
猫に噛まれて怪我しないように、厚手の手袋をしてもよいでしょう。

捕獲に使用するエサはにおいの強いものがいい

捕獲の際に使用するエサは普通のドライフードでもよいですが、よりにおいの強いウエットフードや猫用おやつ、鶏の唐揚げなどを使用するのが成功への近道です。人間用に味付けされた唐揚げは猫の体によくありませんが、毎日食べさせるのではなく一時的に与えるだけなのでよしとしましょう。いずれも使用前に電子レンジで軽く温めると、さらににおいが強くなるのでおすすめです。

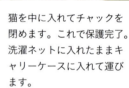

キャリーケースで保護する場合

ペット用のキャリーケースでも捕獲はできます。
捕獲器が用意できなければ、キャリーでの捕獲を試してみましょう。

人がそばにいると警戒する場合は離れた場所から扉を棒や紐で閉める

人がキャリーのすぐそばにいると近寄って来ない猫は、キャリーの扉に棒や紐などをくっつけ、遠くから閉めます。棒の場合は扉を正面から押す形、紐の場合は後ろから引っ張る形になりますが、いずれもキャリーが後ろにずり下がってしまわないよう、背後に木や壁などがある場所にキャリーを置きましょう。扉を閉めたら、猫が内側から扉を開けてしまわないよう、すばやくロックして。

猫の体が入ったら扉を閉める

閉めるタイミングが早すぎると猫が後ずさりして逃げてしまいます。目安はおしりが入った瞬間。しっぽを扉で挟まないように気をつけて。

エサで誘導

地面から自然にキャリーケースの中に入るように、エサをちょんちょんと置きます。一か所に大量に置かず少量ずつ、キャリーケースの奥まで導くように置きます。

固いタイプで横に扉があるキャリーケースを使おう

布製などの柔らかいキャリーではなく、プラスチック製などの固いキャリーが◎。柔らかいキャリーだと捕獲後に中で猫が暴れると運びづらく、粗相をしたときの処理も大変。離れた場所から扉を閉める方法（上記）も取りづらくなります。また、中に誘導するためには側面に扉があるキャリーが必要です。

捕獲器を使用する場合

猫が中に入ったら自動的に扉が閉まる捕獲器を使用するのが、最も確実な方法です。
ここでは一般的な踏み板式の捕獲器の使用方法を説明します。

捕獲器のしくみ

扉

特殊なしくみにより、扉が閉まると簡単には開かないようになっています。

踏み板

中にある踏み板を猫が踏むと、扉が閉まるしかけ。猫がここまで入って板を踏む必要があります。体重の軽い子猫は板を踏んでも扉が下りないことがあるので、その場合は14〜15ページの方法を試してください。

扉のセットのしかた

1

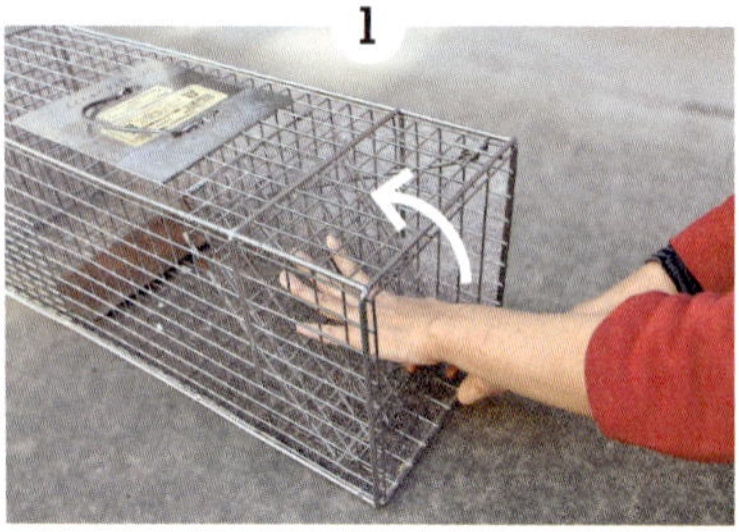

まず扉の上部を押して倒します。

2

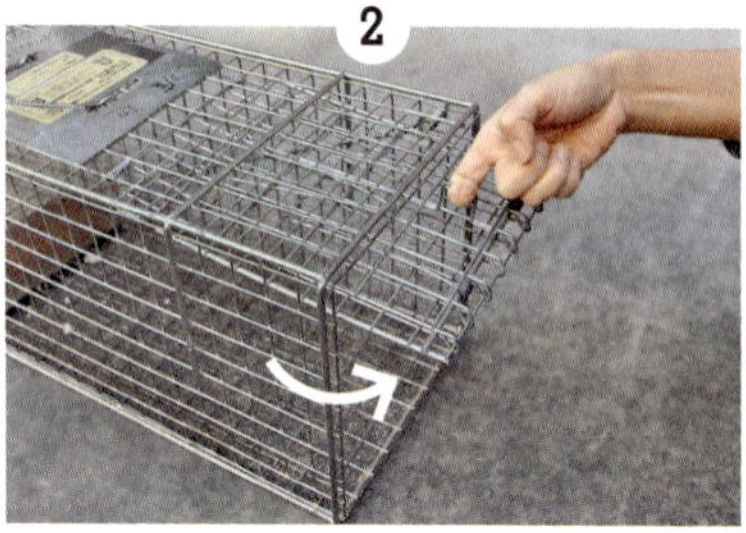

その後、扉の下部を持ち上げると開きます。

3

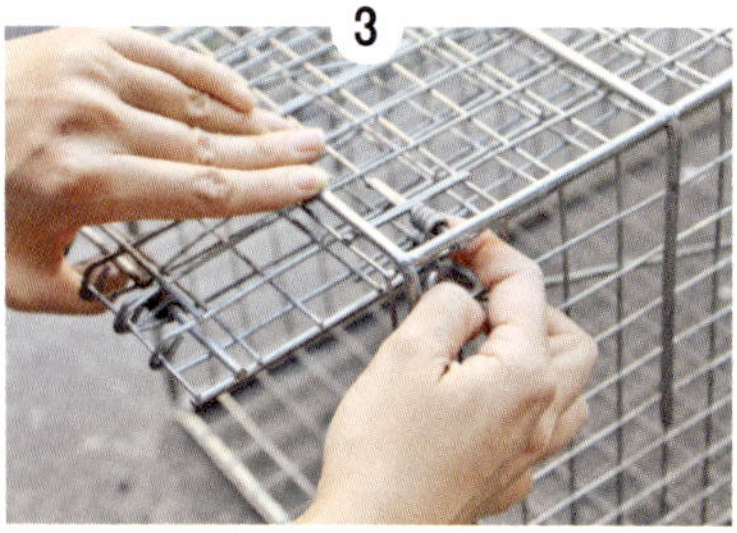

扉を上まで持ち上げ、本体右上にあるフックに引っ掛けます。フックと踏み板はつながっていて、フックを掛けると踏み板が持ち上がります。

※捕獲器を猫の虐待や駆除目的で使用すると、動物愛護法で裁かれます。捕獲器を盗まれたりしないよう、捕獲中はそばを離れず、しっかりと管理してください。

使用例

周りを新聞紙や布で覆う

扉以外の面を布や新聞紙で覆います。周りが見えない状態にしたほうが猫が落ち着きます。捕獲器の底（内側）にも新聞紙などを敷くと、猫が金網の感触を気にせず入りやすくなります。

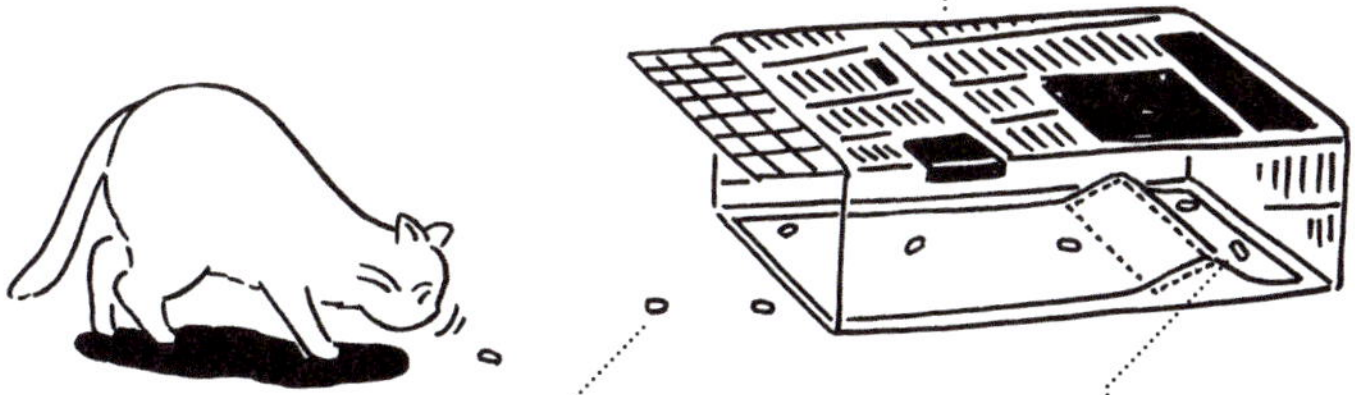

捕獲器の外から中までエサを少しずつ置く

15ページと同様に、エサで捕獲器の中まで誘導します。一度で満腹になってしまわないように、少しずつ置くのがコツ。

踏み板の奥までエサを置く

踏み板を踏ませるためには、踏み板の奥にまでエサを置く必要があります。扉から投げ入れるなどして一番奥の場所にエサを置きましょう。

捕獲できたら

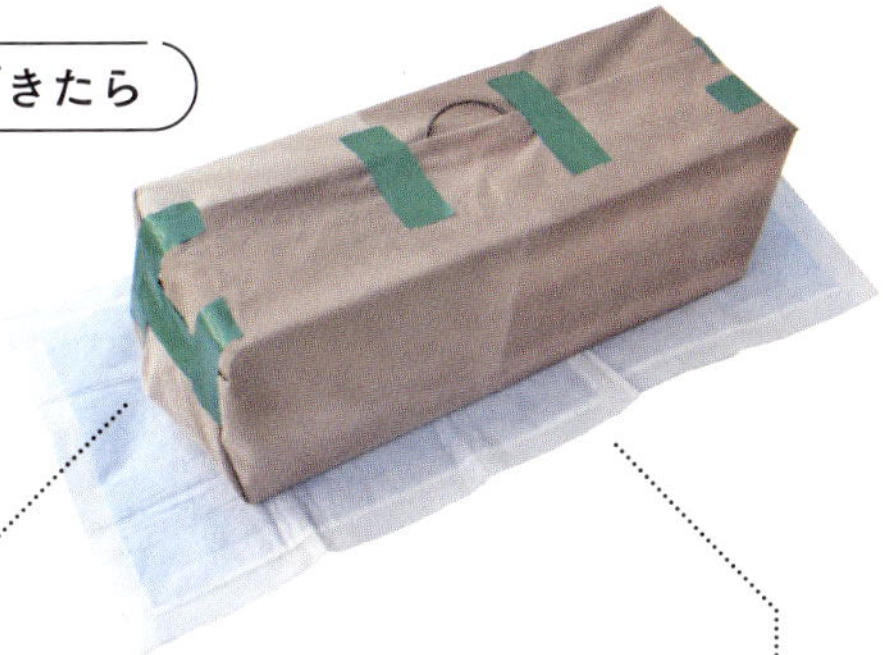

捕獲後はすぐに動物病院に運びますが、すぐに行けないときは、暑くもなく寒くもない場所に猫の入った捕獲器を置いておきます。特に布などで全面覆うと中の温度が上がりがちなので注意して。

扉部分も布や紙で覆う

完全に覆ってしまったほうが猫は落ち着きます。紙や布をガムテープで貼り付けるなどして扉部分も覆ってください（捕獲時にはこのようなグッズも持参します）。完全に覆って暗くなると、たいていの猫は騒がなくなります。

下にペットシーツを敷く

動物病院や家に連れて行く間に猫がオシッコを漏らしてしまうことも。下にペットシーツを敷いたうえで車に乗せるなどして移動しましょう。捕獲前に捕獲器の底（外側）に貼り付けておいてもOK。ペットシーツを中に入れるのは、猫が暴れた際に裏返しになったりしてしまうので避けます。

※使用した捕獲器は、次の使用のために水洗いと消毒をしましょう。塩素系消毒液を使って消毒後、入念に水拭きを。

野良猫の捕獲Q&A

野良猫の捕獲はケースバイケース。
セオリー通りにいくときもあればいかないときもあります。
ケースごとのベストな捕獲方法については
経験豊富な人にアドバイスを求めるのがいちばんですが、
ここではいくつかの方法を紹介します。

Q 捕獲器を警戒して何度トライしても入りません

A 入っても扉が閉まらないように捕獲器の扉を紐で縛っておき、その中で毎日エサを与えて安心させてください。はじめは入り口のすぐそばにエサを置き、徐々に奥にエサを移動し、中に入って食べるようになったら紐を外して閉まるようにします。自宅の庭に猫が来る場合は、入り口が閉まらないようにした捕獲器をしばらく置きっぱなしにして慣れさせてもよいでしょう。

猫によっては捕獲器を覆わず、周りが見えるようにしておいたほうが警戒心を解く場合も。奥が透明のアクリル板になっている捕獲器もあります。捕獲器ではなくキャリーケースや小さめのケージで捕獲を試してみてもいいでしょう。

Q 一度に何頭も捕獲したいときのコツは?

A 頭数分の捕獲器を揃え、一度に一斉に捕獲するのがおすすめ。病院に行く手間も一度で済みます。先に捕獲器に入った猫は少し離れた場所に移動させ、そこで周りを覆います。覆わずに放置すると捕まった猫が騒ぎ出し、それを見て別の猫が警戒する恐れがあるからです。

親子の場合は、できれば先に子猫を捕獲することをおすすめします。母猫だけを捕まえた場合、子猫が散り散りになったりして危険だからです。捕獲器をセットしたら、母猫は少し離れた場所でエサを与えておき、子猫を先に捕獲してください。

Q 高いところに上って下りられなくなった子猫を助けるには？

A 周りが静かになれば自力で降りて来ることもありますが、丸一日経っても降りてこない場合は消防車を呼ぶ手も。ほかに出動の予定がなければ来てくれることがあります。子猫が衰弱していたり、真冬など厳しい気候の場合はすぐに助けたいもの。人が木などに登って助ける場合は、下でセーフティネットとして数人で布を広げて持っておきましょう。もし子猫が落ちたら布に触れたと同時に袋のように布を閉じると保護できます。広げたままだとバウンドして地面に転げ落ちてしまう危険があります。

Q トリモチにベッタリくっついた子猫を保護してしまいました

A ネズミ駆除用のトリモチに子猫が引っ掛かってしまうことがあります。動けないまま体力を消耗していることが多いので、ブドウ糖液（26ページ参照）を飲ませながら救助します。はじめに、トリモチのシートに体が貼りついている部分の脇から小麦粉をまぶして粘着物を吸わせ、はがします。シートがはがれても粘着物が体に残っていると床などにくっついてはがれなくなってしまうので、ベタベタしている部分には小麦粉をまぶし、粘着力をなくします。その後サラダオイルを毛にすり込み、食器用洗剤をなじませて洗い、ぬるま湯で流します。温かい場所でタオルドライして終了。体力消耗を防ぐため30分以内の終了を目指します。

Q 捕獲器をセットしたらずっとそばにいないとダメ？

A 猫が捕獲器に入ったらすぐに周りを覆って落ち着かせる必要があります。そのため、必ずそばについていてください。餌付けの場所や時間が決まっていれば、捕獲にそれほど時間はかからないはずです。

また、捕獲器を置きっぱなしにしておくと心無い人に盗まれる恐れもあります。虐待目的で捕獲器を使用する人もいるので放置は危険です。

無事拾ったら、とにもかくにも動物病院へ

野良猫を拾ったら、行うべき医療ケアがいくつかあります。まず行いたいのは寄生虫駆除。駆除しないまま家に入れてしまうと、家中にノミが大繁殖してしまう恐れがあるため、元気な猫なら家に入れる前、もしくは入れてすぐに寄生虫駆除を行うのがベストです。ほかに感染症の有無を検査すること、ワクチンで感染症を予防することも必要です。

しかしこれらは、猫の年齢や健康状態によって、行う順番やタイミングを臨機応変に変えなければいけません。例えば、ぐったりと弱っている猫の場合は、駆虫は後回しにして治療に専念したほうがよいでしょう。なぜなら駆虫薬は体の負担にもなるからです。ただしノミがひどくたかっているなど寄生虫のせいで体が弱っている場合は、もちろん駆虫を急ぎます。ワクチンにしても手術にしても体の負担になるため、元気なときに行うのが基本です。

すぐに行うべきものは何なのか、正しい判断をするにはそれなりの経験や知識が必要です。経験のない方は、信頼できる獣医師に判断をしてもらいましょう。猫を保護したらキャリーケースや捕獲器のまま、動物病院に直行するのがベストです。

POINT

- ■元気ならすぐに寄生虫駆除
- ■ウイルス検査やワクチン接種も適宜行う
- ■猫が弱っている場合は臨機応変に

保護した猫別 やることリスト

猫を保護できたら、その猫が元気なのか、
それとも弱っているのかで、やるべきことが変わってきます。

猫が弱っている

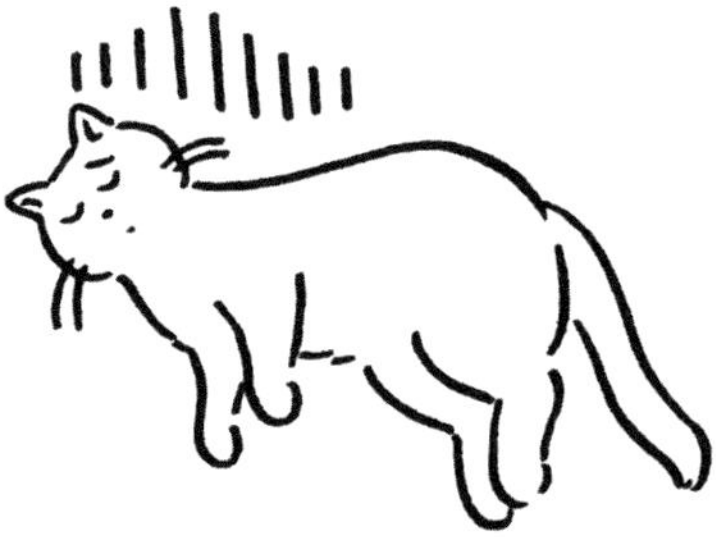

↓

☑ **治療を優先する**

元気な猫にはすぐに行うべき医療行為も、弱った猫には負担になるため保留したほうがいい場合が多々。獣医師に判断してもらいましょう。

すぐに動物病院に行けない場合は

☑ **保温と栄養補給で体力回復**

→ 24、26ページ

猫が元気

↓

＼すぐに／

☑ **寄生虫駆除** → 28ページ

☑ **ウイルス検査** → 34ページ

☑ **ワクチン接種** → 38ページ

可能な年齢ならすぐに

☑ **去勢・不妊手術しても**

→ 156ページ

念のためマイクロチップのチェックも行おう

首の後ろにマイクロチップが挿入されていないか、獣医師にチェックしてもらいましょう。もし入っていたらそれは野良猫ではなく飼い猫もしくは迷い猫の可能性大です。マイクロチップを読み取る機械がある動物病院や動物愛護センターで調べてもらえば飼い主の連絡先がわかるので、飼い主に連絡してあげましょう。

思いがけず猫を拾ってしまうこともある

「そんなつもりはなかったのに子猫を拾ってしまった」「弱っている子猫を見つけてしまい、放っておけない」。こうした場合も、可能ならとにかく動物病院へ直行してください。動物病院の下調べもできていないと思いますが、ネットで検索するなりして病院を見つけてください。そこで21ページのような医療ケアを獣医師と相談のうえ行ってください。

予想外に猫を拾ってしまった場合は、お世話に必要なグッズも揃っていないでしょうから、家で面倒を見ることが難しいかもしれません。病院が預かってくれるなら、しばらく入院させてもよいでしょう（もちろん入院費が発生します）。

夜中に拾ってしまったなどすぐに動物病院に行け

ないときは、猫が元気なら寝床や食事を整えたうえで翌朝まで待ち、病院に連れて行きましょう。寝床は、乳飲み子の場合は段ボールでOKです（60ページ参照）。動き回る子猫や成猫は本来ならケージに入れますが、ケージがなければとりあえずひと部屋を危険がないように片付け、その中で一晩面倒を見ます。使える部屋がない場合は、風呂場などでもかまいません。必ず浴槽の水を抜き、暑さ寒さ対策を行ってください。

食事は、最近は24時間営業のコンビニエンスストアでもキャットフードが売られています。フードがまだ食べられない乳飲み子は子猫用ミルクが必要ですが、夜中などで入手できないときは、牛乳を一度煮沸して冷ましたものを与えてもかまいません。牛乳に含まれている乳糖で猫が下痢を起こす恐れがあるので、必ず一時的な使用に留めてください。

猫が弱っている、怪我をしているなどの緊急の場合は、可能なら夜間救急を行っている病院を探して連れて行ってあげましょう。夜間救急は通常よりも費用がかかるので悩むところかもしれませんが、この辺りはあなたがどれだけその猫を助けたいかにかかっています。

POINT

- **前準備なしで拾った場合もすぐ動物病院へ**
- **弱っている猫には治療を施す**
- **病院に行けないときは自宅でなんとかする**

低体温の猫の応急手当

猫の体温は人より高いもの。体（胴体）を触って冷たいと感じたら、
低体温になっている証拠です。小さな子猫は「濡れないお風呂」で、
濡れないお風呂がやりにくい大きさの子猫や成猫は湯たんぽで温めます。

濡れないお風呂のPOINT

ビニール袋に子猫を入れ袋ごとお湯に入れる

温めたいからといって直接お湯に入れると、乾かすときにかえって冷えてしまいますし、猫は濡れるのを嫌うもの。ビニール袋に入れることで濡らさずに温めることができます。通称「湯煎《ゆせん》」。ビニール袋は取っ手のある厚手のタイプがおすすめです。子猫が複数いるときは、一緒にビニール袋に入れてOK。子猫の体（胴体）を触って、温かくなっていたらお風呂から出して部屋で保温しましょう（60ページ参照）。

一緒にタオルを入れると◎

柔らかくてふわふわしたものに包まれると子猫は安心できます。子猫が1頭の場合、体を安定させる効果もあります。

洗面器に38℃くらいのお湯を張る

温度計がなければ、指を入れて「お風呂より少しぬるい」くらいが目安です。冷めてきたら新しいお湯を追加して。

湯たんぽで温めるPOINT

湯たんぽやカイロで心臓より遠い場所から温める

市販の湯たんぽのほか、ペットボトルにお湯を入れたものや、使い捨てカイロを使用してもOKです。雪山の遭難者と同じく、足先やおしり、背中など心臓より遠い場所から温めるのが正解。そけい部にカイロを入れるのも効果的です。

段ボール箱に入れ上にタオルなどを掛ける

温かい空気が逃げないように箱に入れ、箱を覆うように上にタオルや毛布をふわっと掛けておきます。薄暗くしたほうが猫は落ち着きます。

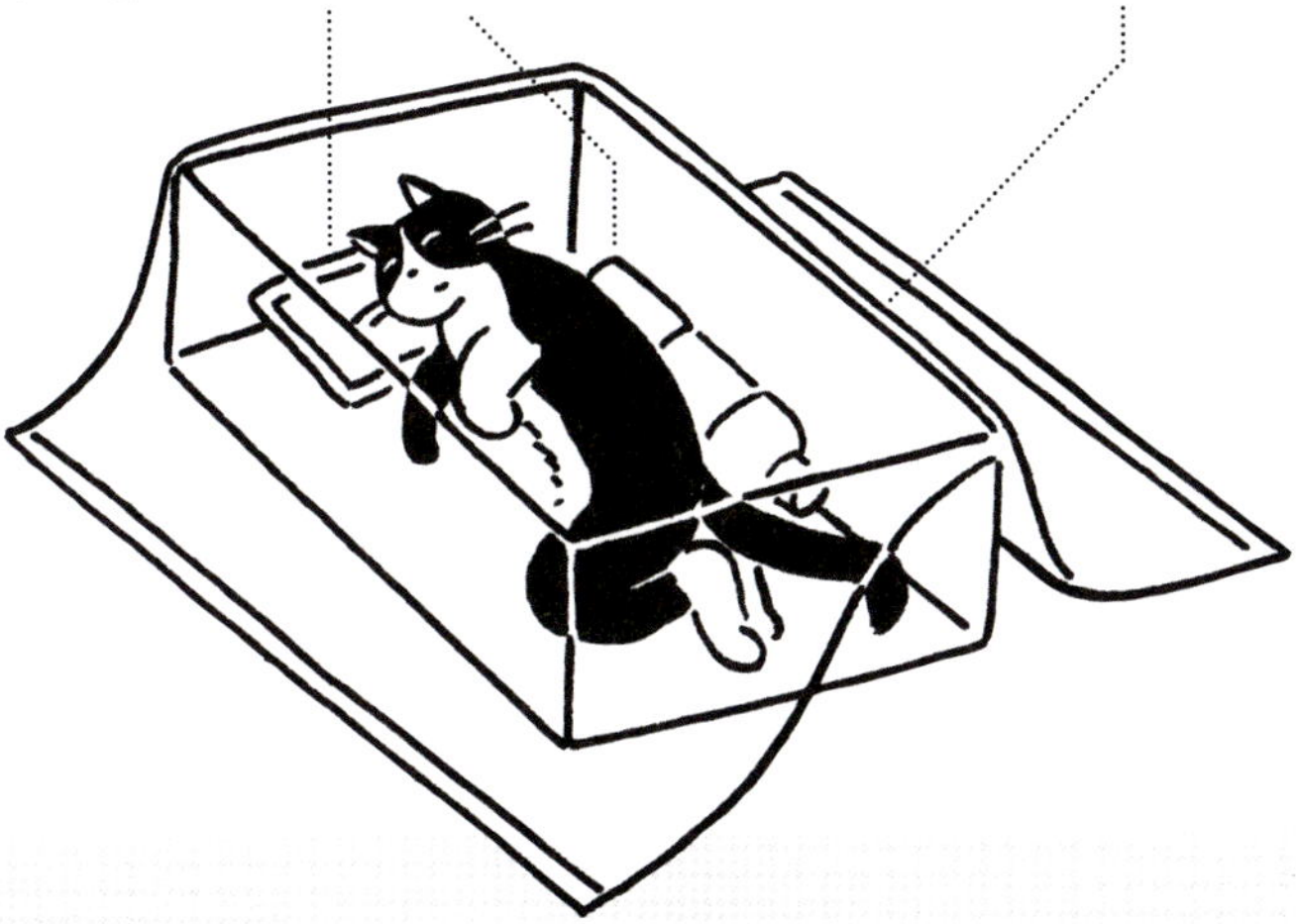

NG ドライヤーで温められると猫は苦しい

100℃以上の温風が出るドライヤーで急激に体を温めるのは心臓の負担になります。また、箱の中に猫を入れてドライヤーを当てると熱い空気が箱に充満し、猫は呼吸困難に陥ることも。ドライヤーで温めるのはやめましょう。

NG 汚れていてもシャンプーは危険

シャンプーで洗って体を濡らすと体力を奪ってしまいます。汚れは乾いたタオルやブラシで取りましょう。元気な猫なら蒸しタオルを使用してもOKですが、弱っている猫に蒸しタオルはNG。回復するまで待ってから蒸しタオルを使って。

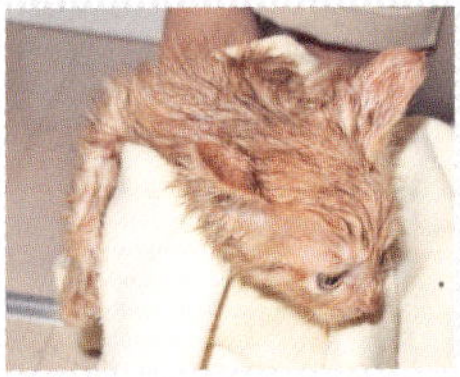

弱った猫の栄養補給

空腹で低血糖を引き起こしているときには、ミルクやフードより
ブドウ糖を与えるのが効果的。低体温の猫にも与えましょう。

ブドウ糖

薬局でブドウ糖を入手します。粉状のものも、タブレット状のものもあります。ブドウ糖が入手できないときは、ガムシロップやスポーツドリンクでもOKです。

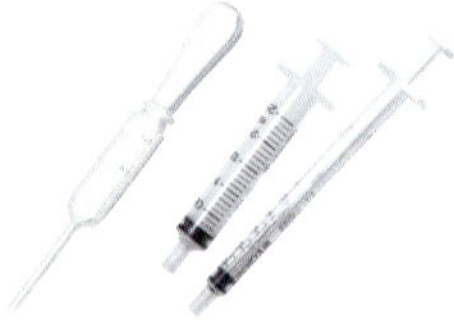

スポイトかシリンジ

ブドウ糖を溶かしたものを口に流し込むために必要です。シリンジ（針のない注射器のようなもの）は動物病院で入手できます。

ブドウ糖液の作り方・飲ませ方

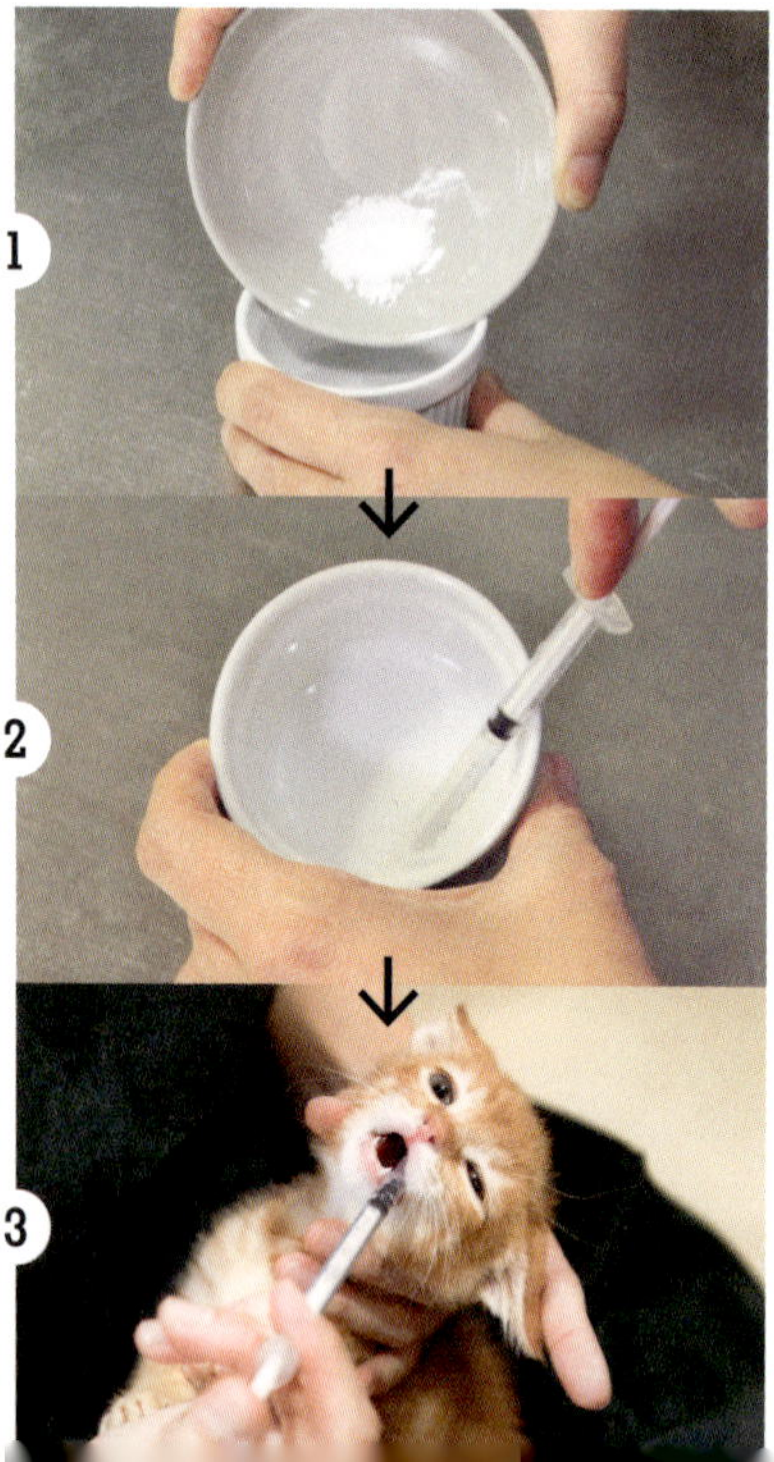

① ブドウ糖を水かぬるま湯に溶かします。溶かす量は、舐めてみてほんのり甘い程度。ガムシロップやスポーツドリンクの場合も同様。

↓

② ブドウ糖液をスポイトかシリンジで吸い取ります。1回に飲ませる量は1mℓくらいで十分。

↓

③ 猫の顔を上に向かせ、猫の口の横・犬歯の後ろ側から少しずつ液を流し込みます。猫が舌でペロペロ舐め取ったり、のどをゴクンと鳴らして飲み込んだことを確認したら、追加で流し込みましょう。

※ブドウ糖液だけでは栄養が足らないため、その後必ずフードやミルクを与えてください。

※意識がなくて自分で飲み下せない猫にブドウ糖液を流し込むと誤嚥（ごえん）の原因になるのでやめてください。ブドウ糖液を指に取って口内を湿らせるか、カテーテル（医療用の細長いチューブ）で胃まで流し込む必要があります。

強制給餌のやり方

体力と同時に食欲が落ち、フードに口をつけない猫も。
そんなときは無理にでも食べさせることで体力を回復させます。

ペースト状の高栄養フード

少量で多くの栄養が摂れるフードが動物病院やペットショップで入手できます。嗜好性の高いペースト状おやつ（写真右）を使う手も。とにかく何か食べさせることが大事です。

高栄養フードが入手できないときは、普通のウエットフードをすり鉢などですりつぶし、ペースト状にしたものでもOKです。

強制給餌のPOINT

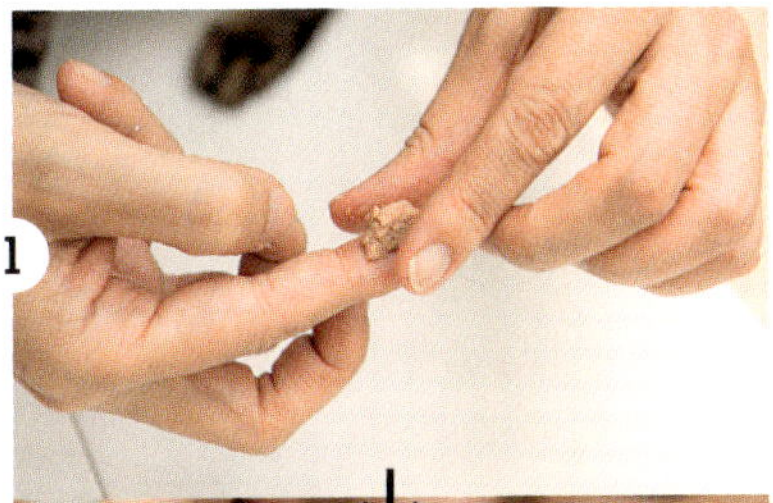
1

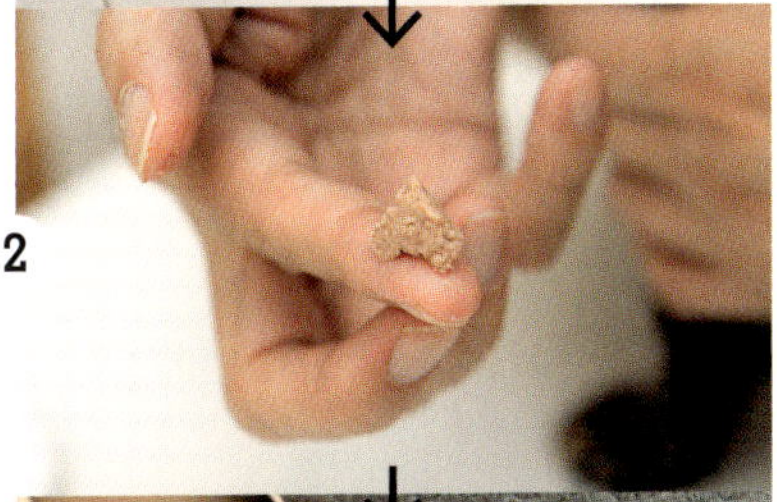
2

3

① ペースト状のフードを指先に少量取ります。指に取ったときに流れてしまわない程度の硬さのフードが与えやすいです。

↓

② もう片方の手でフードを三角の形にします。平たく指についた形より、先をとがらせた形状のほうが口に入れやすいからです。

↓

③ 猫の口を開け、上あごの内側にフードをつけます。猫がペロペロと舐め取ればOK。胃腸に負担をかけないよう、一度に与える分は少量で、1日に何度も与えるのがベストです。

※ペースト状おやつの場合は袋から直接猫の口に入れるか、シリンジで口の横から流し込みます。一気に流し込まないよう注意。

寄生虫駆除は迅速かつ計画的に

野良猫にはたいてい寄生虫がいます。まれにいない猫もいるかもしれませんが、「いるもの」と思って処置をするのが正解です。

寄生虫にはノミやダニなど体表に寄生する「外部寄生虫」と、回虫や条虫《じょうちゅう》など体内に寄生する「内部寄生虫」があります。ノミやダニは放っておくと家中に繁殖して広がりますし、人間も被害を受けるので、猫の健康に問題がなければ早めに駆虫する必要があります。液体を体表に垂らすスポット（滴下）タイプの薬剤を動物病院で処方してもらいましょう。ペットショップでも駆虫薬を市販していますが、これらは動物用医薬部外品で効き目が弱いので、必ず病院で処方される薬剤を使用することが大切です。

この薬剤を使用すれば、基本的に外部寄生虫は24時間で死滅します。猫の体表や寝床には死骸や卵がついているかもしれないので、投薬後24時間経ったら猫の体をブラッシングしたり、寝床を取り換えて取り除きましょう。猫を入れていたキャリーケースなどにも寄生虫がいるかもしれないので、水洗いしてノミ・ダニ用の殺虫剤をかけておくと安心です。こうした場所に寄生虫が残っていると再度寄生されてしまうので気をつけましょう。

内部寄生虫も、猫の健康に問題がなければ早々に駆虫をします。内部寄生虫は放っておくと嘔吐や下痢を引き起こしたり、子猫の場合は寄生虫に栄養を取られて成長不良を起こすこともあります。多頭飼いの場合は排泄物を介して別の猫にもうつる恐れもあるのできちんと駆虫しましょう。

内部寄生虫は一度の駆虫では不十分で、2～4週間後に再度の駆虫をする必要があります。薬が効くのは成虫や幼虫のみで卵には効かないので、卵が孵《ふ》化《か》して成長した頃に再度駆虫するのです。これを検便で寄生虫がいなくなったことを確認できるまで続けますが、多くの場合、2回の投薬で駆虫できるでしょう。本来はその後も予防のために月に1回投薬するとよいとされていますが、室内飼いで再感染の恐れが少なければ、定期投与は行わないことが多いです。

駆虫薬は30ページの表の通りで、すべての寄生虫を一度に駆除できるものはありません。猫の症状などによって使用する薬剤を獣医師に選んでもらうとよいでしょう。体重によっても薬剤の量が変わってきますし、幼い子猫は使用できない薬剤もあります。また、いつどの薬剤を使用したかは念のため記録しておくとよいでしょう。

POINT

- **外部寄生虫と内部寄生虫がいる**
- **内部寄生虫は複数回の駆虫が必要**
- **どのような薬剤を使うかは獣医師と相談**

寄生虫駆虫薬の種類

薬剤によって駆虫できる寄生虫の種類が異なります。
使った薬剤は忘れないようにメモしておきましょう。

寄生虫の種類 ＼ 駆虫薬の種類		スポット（滴下）タイプ				スプレー	飲み薬（錠剤）	
		ブロードライン	フロントライン プラス	レボリューション	アドボケート	フロントライン スプレー	ドロンタール	ミルベマックス
外部寄生虫	ノミ	○	○	○	○	○	–	–
	ダニ	–	–	–	○	–	–	–
	マダニ	○	○	○	–	○	–	–
	耳ダニ	–	–	○	○	–	–	–
	シラミ	–	○	–	○	–	–	–
内部寄生虫	回虫	○	–	○	○	–	○	○
	条虫《じょうちゅう》	○	–	–	–	–	○	○
	鉤虫《こうちゅう》	○	–	○	○	–	○	○
	フィラリア	○	–	○	○	–	–	–

※ダニは疥癬（かいせん）を引き起こすヒゼンダニ。
※レボリューションはフィラリアの寄生予防はできますがフィラリア成虫の駆除はできません。
※ここに掲載していない駆虫薬もあります。
※寄生虫については169〜171ページも参照ください。

駆虫のスケジュール

標準的なスケジュールは以下の通り。具合の悪い猫は駆虫薬が負担になるため駆虫を保留したほうがいい場合もあります。獣医師の指示に従いましょう。

体重**500g未満**、生後**6週未満**の健康な子猫

すぐに

外部寄生虫 → **フロントラインスプレーで駆虫**

「フロントラインスプレー」なら、生後2日目の赤ちゃん猫から使用できます。特にノミやダニがたかっている子猫の場合は、寄生虫のせいで貧血や成長不良を引き起こすことが多いので必須です。

内部寄生虫 → **体重500g以上になるまで保留**

体重500gを超えないと内部寄生虫の駆除薬が投与できません。500gを超える1か月齢頃まで待ちましょう。

体重**500g以上**、生後**6週以上**の健康な子猫、成猫

すぐに

外部寄生虫 → **駆虫**

内部寄生虫 → **駆虫**

「レボリューション子猫用」は生後6週以上の子猫に使用可能。また、「ドロンタール」や「ミルベマックス」は体重500g以上の子猫に投薬できます。

↓

翌日

外部寄生虫は駆虫完了。ノミの死骸などを取り除くため、猫の体をコームで梳くと◎。猫の生活環境にも落ちているかもしれないので、ベッドなどは取り換えて洗浄・消毒。

↓

2〜4週間後

内部寄生虫 → **再度駆虫**

薬剤で駆虫できるのは成虫や幼虫だけなので、残っていた卵が孵って成長した頃に再度駆虫します。

先住猫がいる場合、駆虫できるまでは会わせない

外部寄生虫は翌日には駆虫完了できますが、内部寄生虫は一度の投薬では完全に駆虫できません。回虫などの卵は便と一緒に排泄され、それをほかの猫が口にするとその猫にも感染するため、駆虫が完了するまでは先住猫と一緒にしたり、トイレを共有させるのはやめましょう。

スポットタイプ駆虫薬の使い方

一か所に滴下するだけで全身のノミなどを駆虫してくれるスポットタイプ。
とても便利ですが、滴下する場所だけは注意しましょう。

投薬のしかた

毛をかき分けて皮膚につける

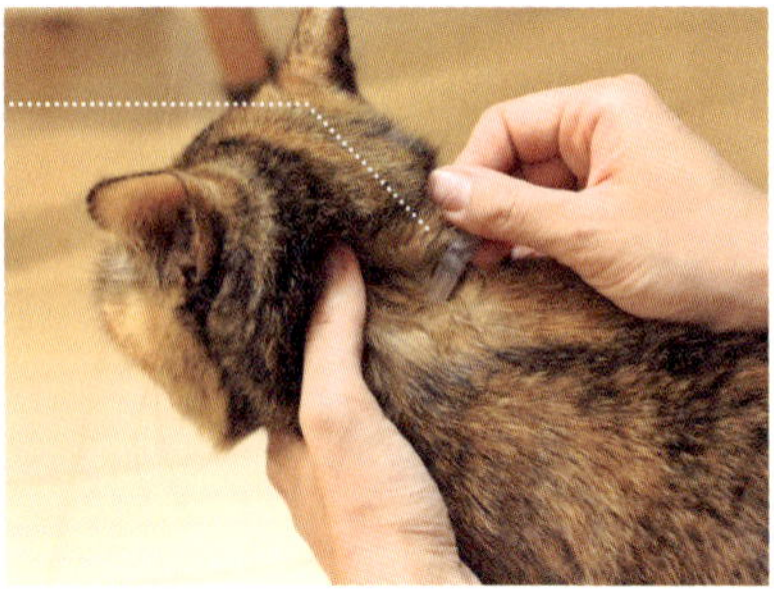

薬剤の入ったチューブを開封し、肩甲骨《けんこうこつ》の間の毛をかき分けます。チューブの先を皮膚に直接つけて液剤を絞り出します。勢いがよすぎると飛び散ってしまうので注意。全量押し出し、チューブが空になっているかを確認します。

自分では舐められない首の後ろにつけよう

猫が舐め取ってしまうと、嘔吐や流涎《りゅうぜん》などの副反応が起きてしまいます。首の後ろ～肩甲骨の間が唯一、猫が自分で舐められない場所なので、必ずここに投薬します。

NG 投薬後のシャンプーはNG

本書では猫のシャンプー自体を推奨していませんが、「気になるからどうしてもシャンプーしたい」という人もいるでしょう。その場合もスポットタイプ投薬直後のシャンプーはNG。駆虫効果が薄れてしまいます。シャンプーしていいのは、投薬後2～48時間以上経ったあと（薬剤により異なる）。また、投薬時には皮膚が乾いている必要があるため、直前のシャンプーもNGです。

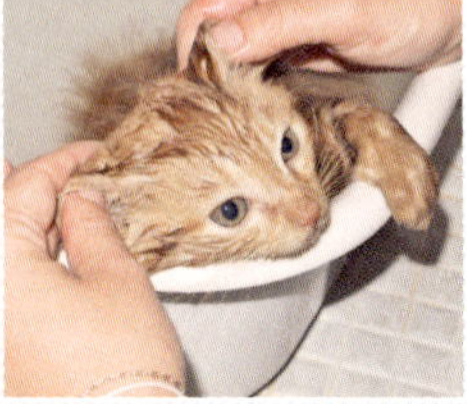

スプレータイプ駆虫薬の使い方

生後まもない子猫はスポットタイプの駆虫薬を使用できません。
ノミの被害を減らすために、スプレータイプの駆虫薬を使用します。

投薬のしかた

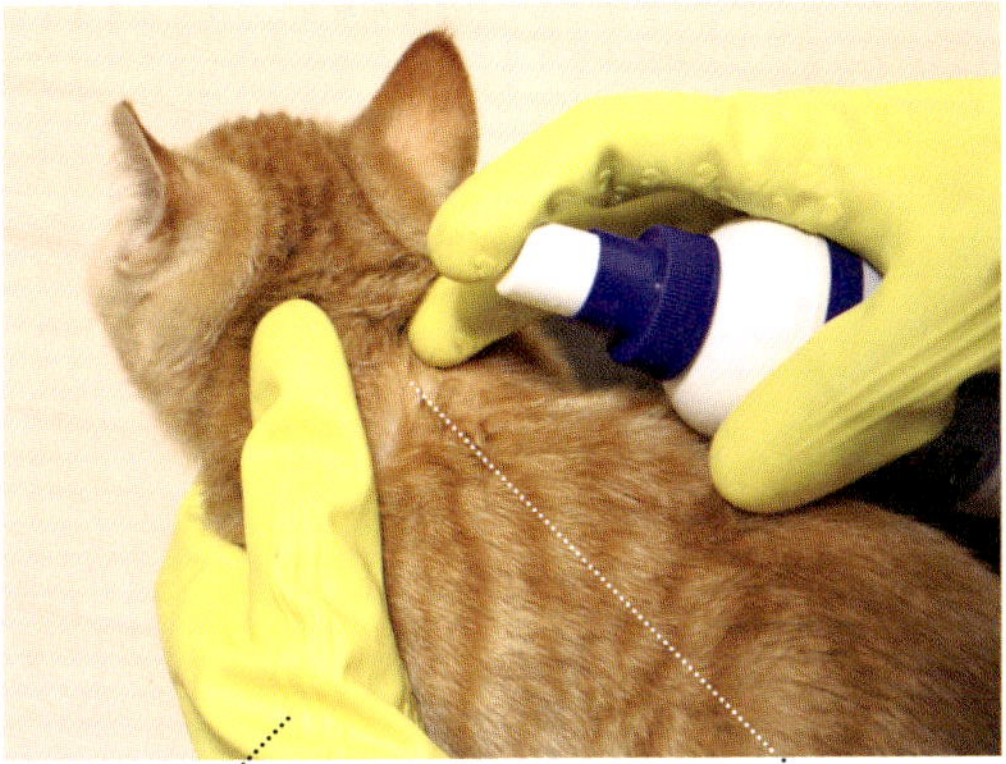

ノミ取りクシでノミを減らそう

スプレー後24時間以内にノミは死滅しますが、ノミが多くたかっている子猫の場合、併せてノミ取りクシを使用してもよいでしょう。洗面器に水を張って食器用洗剤を溶かし、クシで梳いて取れたノミを水につけて処分します。指で挟んでノミをつぶしてしまうと体内の卵が散らばってノミが増える原因になるのでつぶさないで。

ゴム手袋をして行う

手荒れを防ぐためゴム手袋をつけます。顔など直接スプレーできない場所は、薬剤をつけたゴム手袋でなでるようにするとよいでしょう。

毛をかき分け根元にスプレーする

根元を湿らすように全身まんべんなくスプレーします。目や口内などの粘膜にはスプレーしないよう注意。その後は自然乾燥させます。乾く前に猫が気になって体を舐めてしまうようなら、エリザベスカラーをつけて防ぎます。

NG スプレー後、密閉した場所に入れると中毒を起こす

スプレータイプ駆虫薬にはアルコール成分が含まれています。そのため、投薬後すぐにキャリーなどの密閉空間に入れると子猫がアルコール中毒を起こしてしまいます。また、早く乾かそうとしてドライヤーを使用したり、石油ストーブのそばに置くと引火の恐れがあるため、必ず自然乾燥させましょう。

ウイルス検査で感染症の有無を調べておく

屋外で暮らしていた猫のなかには、感染症にかかっている猫が少なくありません。感染症の種類や症状については164〜168ページで詳しく説明していますが、調べておいたほうがいいものに「猫エイズ」と「猫白血病ウイルス感染症」があります。この2つは1つのキットで同時に検査することができるので、動物病院で検査を行うとよいでしょう。

猫エイズや猫白血病は、根本的な治療法がなく、発症すると対症療法しか行えないいわゆる不治の病です。しかし、ここが肝心ですが、感染＝発症ではないのです。猫エイズなどは感染しても発症することなく一生を終える猫も少なくありません。大事なのは検査によってその猫の健康状態をきちんと把握し、健康管理に努めることです。

すでに猫と暮らしているところに野良猫を迎える場合、注意しなくてはならないのは、感染症をもった野良猫から未感染の猫にウイルスが広まらないようにすることです。猫どうしを隔離して別の部屋で飼うのがいちばんですが、実はそうまでしなくてよい場合も多くあります。実際に、感染猫と一緒に多頭飼いしている家庭は少なくありません。

猫エイズや猫白血病は、血液や唾液によって感染します。猫どうしがケンカをして咬み傷を作り、傷から感染猫の唾液が侵入するとうつるのです。逆に言うと、血を見るようなケンカをするほど仲が悪い猫どうしでなければ一緒に飼うことは可能です。交尾でも感染の恐れがありますが、これも去勢・不妊手術が済んでいれば心配ありません。

また、猫白血病は感染猫の唾液を舐め取ることでもうつる恐れがありますが、これも四六時中毛づくろいをしあうような仲良しの猫でなければ感染の危険はほぼありません。もちろん、猫白血病感染猫の使った食器を未感染の猫が舐めてしまわないよう食後はすぐに洗う、未感染猫には猫白血病のワクチンを打って感染を防ぐなどの配慮は必要です。

猫エイズと猫白血病ウイルス感染症は動物病院で検査を行うべきと書きましたが、実は検査を行うタイミングや月齢によっては正しい結果が出ない場合があります。例えば猫エイズのワクチンを打ったあとは、本来は陰性（感染なし）なのに陽性（感染あり）と出てしまう場合があります。ワクチンは弱い病原

体を体内に入れて免疫を作るものだからです。ですから、検査はワクチン接種の前にする必要があります。

また、生後6か月以下の子猫は母猫から受け継いだ免疫（移行抗体）が残っている場合があり、その影響で陰性なのに陽性と出てしまう場合も。ほかに、猫エイズは感染後2か月ほど経たないと正しい結果が出なかったり、猫白血病が自然治癒（陰転）することもあります。ですから生後6か月以上の猫で、保護して2か月以上経った時期に検査をするのがいちばん確実。ですがとりあえず保護した時点で一度検査をし、その後は獣医師の指示のもと、必要あれば再検査を行うという感じでもよいでしょう。

ちなみに、これらは狂犬病のように動物から人へうつる病気ではありません。たまに「エイズ」という病名を聞いただけで腫れものを触るように猫を扱う人がいますが、ウイルスの種類が違うので人にうつることは決してありません。

POINT

- **感染＝発症ではない**
- **ウイルスがあっても多頭飼いは可能**
- **検査のタイミングで結果が変わることも**

猫エイズ・猫白血病の検査

この2つは検査キットで同時に調べることができます。
ウイルスの有無を把握しておくのは、健康管理にとって大切なことです。

1

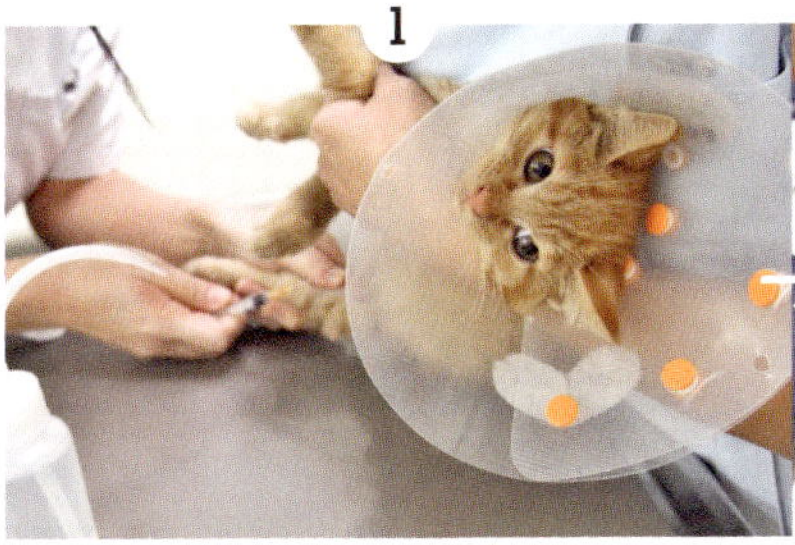

採血をします。必要な血液量は1mℓ程度なので、子猫でも行えます。

2

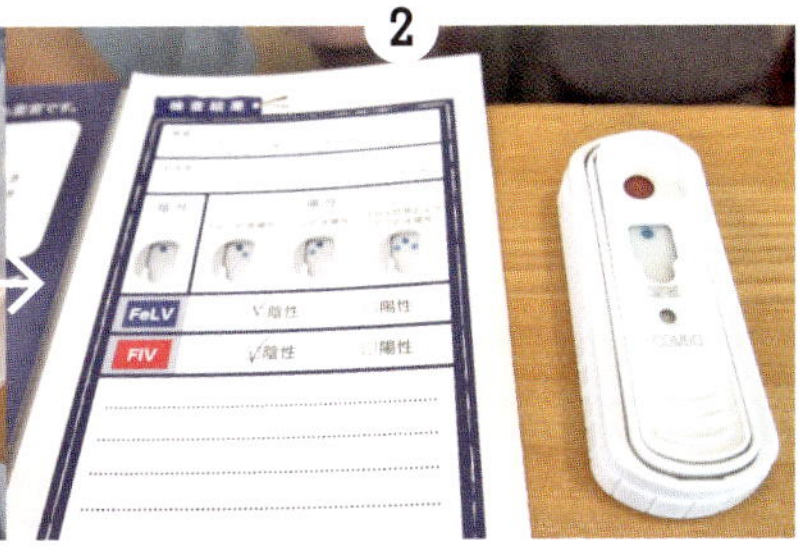

検査キットに血液を垂らし、10分程度で結果がわかります。動物病院で検査結果表をもらっておきましょう。

猫エイズ

陰性 ー → **陽性**に変わる可能性あり

感染後2か月以内は、感染していても陰性と出ることがあります。ですから保護してから2か月経ったあとに検査すると確実です。

陽性 ＋ → **陰性**に変わる可能性あり

生後6か月くらいまでは母猫からもらった抗体が存在している関係で、ウイルスに感染していなくても抗体が存在し、陽性と出ることがあります。そのため生後6か月を過ぎてから再検査すると◎。

猫白血病

陰性 ー → **陽性**に変わる可能性あり

感染後1か月以内は、感染していても陰性と出ることがあります。

陽性 ＋ → **陰性**に変わる可能性あり

猫白血病は自然治癒（陰転）することがあります。離乳後に感染した場合は半数の猫が自然治癒するというデータも。

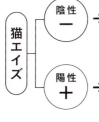

室内飼いであってもワクチンは必要

野良猫を保護したら、感染症から守るためにワクチン接種をおすすめします。「室内飼いにするからワクチンは必要ないのでは？」と思う人もいるかもしれませんが、感染症のなかには強い感染力をもつものもあり、屋外から飼い主さんが服や靴につけて持ち込んでしまうこともあるのです。また、多頭飼いの場合は猫どうしでうつしあってしまわないためにも、ワクチン接種は必須です。

はじめに、ワクチンのしくみについて理解しておきましょう。ワクチンとは、弱体化させた病原体を体内に入れることによって、その病気への免疫力を作るというものです。病気を100％防げるわけではありませんが、もしかかってしまったとしても症状が軽く済むといわれています。

保護した猫が子猫の場合、あまりに幼いとワクチン接種をしても免疫がつかないことがあります。最初のワクチンを打つ時期は、8週齢前後で体重700g以上が目安。また初回のワクチンの3～4週後に再度ワクチンを打つと高い免疫力が得られるといわれ、2回目以降はブースターワクチンとも呼ばれます。

猫の具合が悪いときはワクチンを避けることも大切です。ワクチンは病原体を体内に入れるので、一時的にですが体に負担をかけます。ですから健康なときにしか打てないのですワクチンにもいくつか種類があります。どのワクチンを選ぶかですが、室内で1頭飼いなら、コアワクチンと呼ばれる3種混合ワクチンでよいでしょう。多頭飼いだったり、野良猫との接触がある猫、同居の猫が感染症をもっている場合などは、より広い範囲をカバーできるワクチンを検討しましょう。

最後に、ワクチンのリスクについても把握しておきましょう。ワクチンは接種後、発熱などの副反応が出ることがあります。なかにはごくまれですが、ワクチンに対してアナフィラキシーショックを起こすこともあります。これはアレルギー反応の一種で、接種後すぐに血圧低下や呼吸困難などの症状が現れ、早急な治療をしないと命の危険があります。こうした事態に備えるため、ワクチン接種後30分ほどは病院で待機し、その後も家でしばらく様子を見ることが推奨されています。病院の診察時間終了まぎわの接種は避けることも肝心です。もし猫の容態に変化があって再診したくても、時間外になってしまって受けられないからです。

POINT

- **飼い主が持ち込む感染症もある**
- **初回ワクチンは複数回続けて接種**
- **ワクチンのリスクも知っておこう**

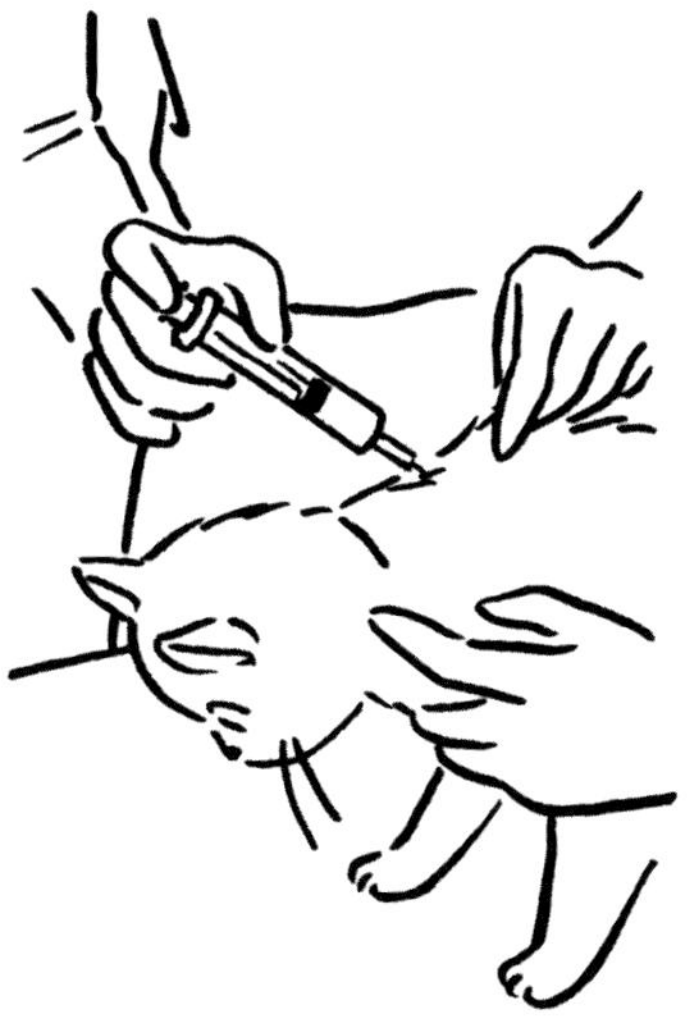

子猫のワクチンプログラム

子猫のワクチン接種は、母猫由来の抗体の影響を受けるという特殊な事情により、
複数回接種することが推奨されています。

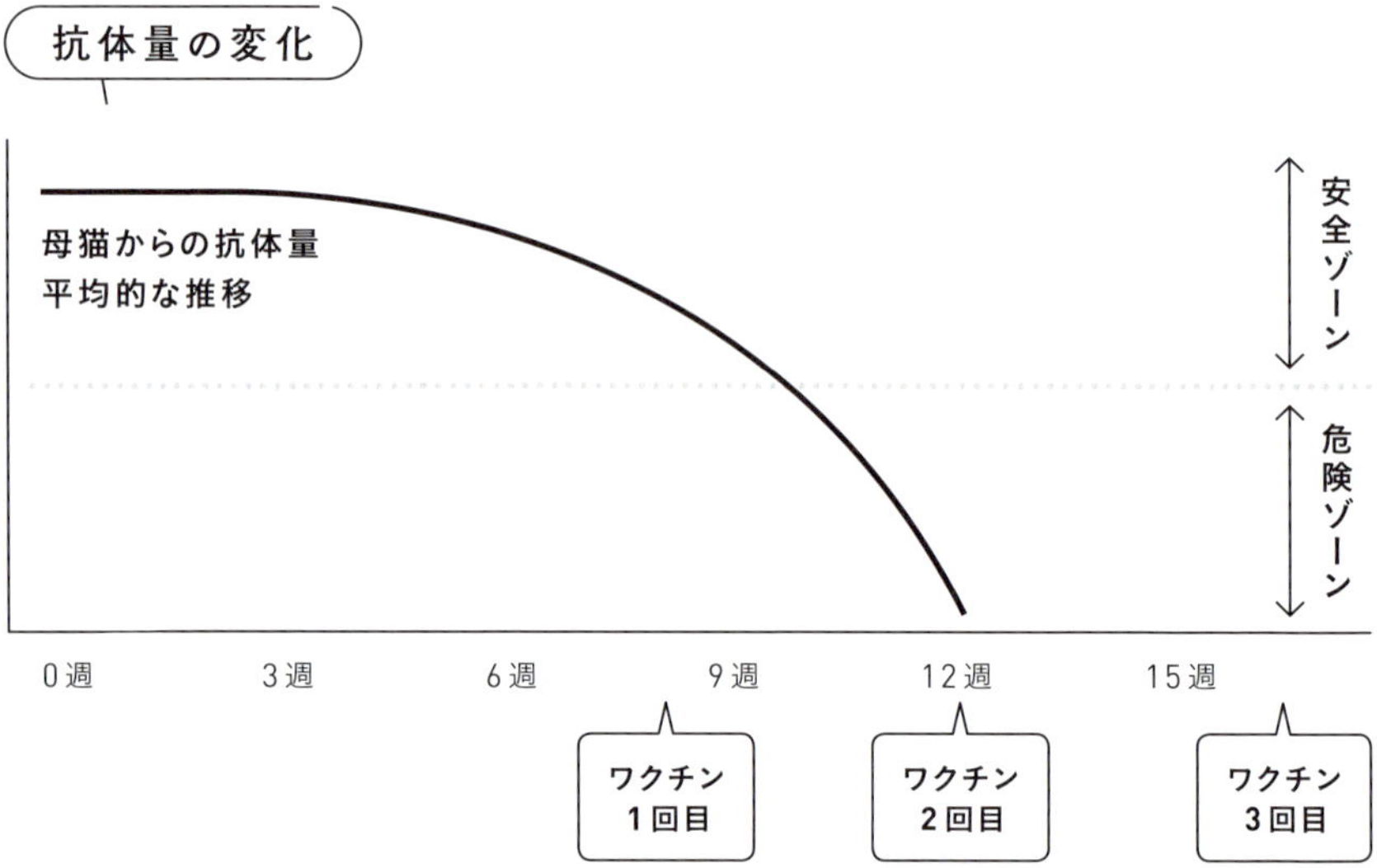

母猫の初乳には感染症に対する抗体が含まれており、これが生後しばらくの間は子猫を病気から守っています。母猫由来の抗体が残っている間はワクチンを打っても免疫が作られないため、抗体が消える頃に打つのが正解。ただし、抗体が消える時期は早いと8週齢、遅いと14週齢と猫によってばらつきがあるため、8週齢から14週齢を挟んで複数回打つことが推奨されています。母猫由来の抗体がまだ残っている時期のワクチンは効かずに無駄になってしまいますが、もし消えていたら感染症に無防備な状態になってしまうため、保険として複数回打つのです。

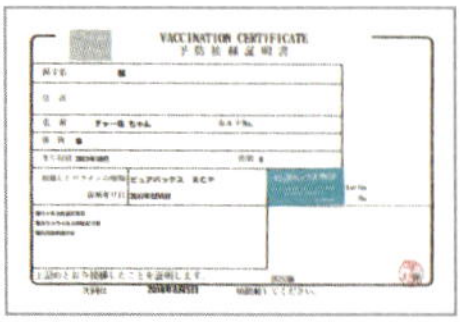

ワクチン接種は、動物病院に入院したり、ペットホテルに預かってもらうときの必須条件であることも。ワクチン証明書は保管しておきましょう。

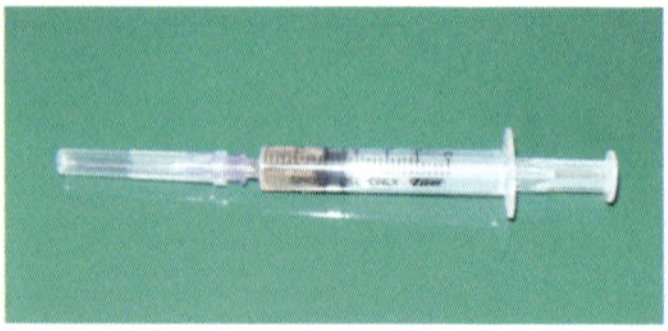

複数回打つことによって高い免疫力が得られるという面もあります。そのため成猫も初回は複数回接種します。

ワクチンの種類

コアワクチンと呼ばれる3種混合ワクチンを中心に数種存在しています。
動物病院によって揃えているワクチンが異なることもあります。

病名＼ワクチン	3種混合	5種混合	7種混合	単体
猫ヘルペスウイルス感染症	○	○	○	―
猫カリシウイルス感染症	○	○	○○○	―
猫汎《はん》白血球減少症（猫パルボウイルス感染症）	○	○	○	―
猫クラミジア感染症	―	○	○	―
猫白血病ウイルス感染症	―	○	○	―
猫免疫不全ウイルス感染症（猫エイズ）	―	―	―	○

※ 7種混合ワクチンは3種類の猫カリシウイルスに効果があります。　※各感染症についてはP.164～167参照。

	生ワクチン	不活化ワクチン
どういうもの？	毒性を弱めた病原体を使う	死滅させた病原体を使う
メリット	● 免疫ができるのが比較的早い（数時間～数日） ● 高い免疫力を得られる ● 母猫からの移行抗体の影響を受けにくい	● 副反応が起きにくい ● 免疫不全（猫エイズなど）の猫に接種しても比較的安全 ● 病原体を排泄してほかの猫にうつすことがない
デメリット	● 不活化ワクチンより副反応が起きやすい ● 病原体を排泄してほかの猫にうつすことがある	● 免疫ができるのが生ワクチンより遅く、1～2 週間かかる

飼えないときは里親を探そう

野良猫が心配で保護したけれども、自分では飼えない場合もあるでしょう。そんな場合は、その猫を飼ってくれる里親さんを探しましょう。知り合いで里親さんになってくれる人がいればベストですが、限られた知人のなかから探すのはなかなか難しいもの。広く世間に向けて里親募集をしてみるとよいでしょう。

お世話になった動物病院に里親募集のチラシを貼らせてもらうなど、アナログな方法で探すのも手。ですが最近では里親募集情報を掲載できるサイトが充実しています。保護した猫の写真を撮影し、健康状態・年齢・性格・ワクチン接種済などの情報を掲載すると、それを見て「飼いたい」と思った方が応募してくるシステムです。

ただシステムが簡単な分、保護主さんには、応募者が責任と愛情をもって飼ってくれる方かどうか見極める目が求められます。いずれのサイトでも、応募者と直接会って人柄などを確かめることや、譲渡の際には終生飼養などを約束する契約書を結ぶことを推奨しています。

さて、里親を探すにしても、見つかるまではその猫のお世話をしなければなりません。寄生虫駆除などを行ったうえで、飼育環境を整えましょう。

「ペット禁止の部屋に住んでいるから、自宅では猫を保護できない」というのもよくあることです。この場合、里親さんが見つかるまでの一時的な保護なら寛容に見てもらえる場合がありますので、あくまで低姿勢に大家さんや管理会社にお願いしてみてはどうでしょうか。壁などを傷つけないようにケージ内で飼育することや、発情期を迎えて鳴き声などで迷惑をかけることのないように去勢・不妊手術を行うことも約束しましょう。

大家さんとの交渉がうまくいかず、自宅ではどうしても保護できない場合は、ペット可物件に住んでいる知人に託すという手もあります。その場合は、その猫にかかる医療費や飼育費は保護主さんが負担します。保護団体に預かってもらうという手もありますが、たいていの団体は多くの猫をすでに保護していて新規には受け付けられないことが多いもの。ですが一縷《いちる》の望みをかけて、問い合わせしてみてもよいでしょう。保護団体に預ける場合も、保護主さん側に費用の負担が発生するのが普通です。

最後に、「動物愛護センターや警察に持ち込めばなんとかしてくれる」というのは間違いであることを知っておいてもらえたらと思います。動物愛護センターや動物管理センターと呼ばれる場所では、確かに犬猫の保護も行ってはいますが、一定期間を過ぎると殺処分されることが多いのです。早ければ預かってから1週間で処分されることもあります。警察に預けても、その後センターに回されるだけなので同じこと。猫の幸せを願うなら、自力で里親探しをするか、地域猫（128ページ参照）として屋外で世話をする方法がよいでしょう。

POINT

- **里親募集サイトを活用しよう**
- **一時的な保護については大家さんに相談**
- **動物愛護センターや警察には頼らない**

保護猫の里親になるという手もある

元野良猫と暮らしたいけれど、周囲に野良猫がいない、あるいは自力で捕獲するのが難しいということもあると思います。その場合は、里親募集をしているボランティア団体などから猫を譲り受けるという手があります。いまでは全国各地にボランティア団体が存在し、里親募集中の猫の情報がインターネットで見られたり、譲渡会で猫を見られたり、猫カフェのように触れ合いながら気に入った猫を探せるところもあります。ほかに、各地の動物愛護センターでも里親募集をしています。

ただし、里親になるには一定の条件を設けているところがほとんど。例えば東京都動物愛護相談センターの場合、「20歳以上60歳以下の方」「現在、犬や猫を飼育していない方」などの条件を設けています。NPOや民間のボランティアのなかには、一人暮らし、同棲カップル、共働き夫婦はNGなどの条件を設けているところもあります。こうしたところの条件はそれぞれ異なるので、自分が里親になれるところを探してみましょう。

譲渡の際には契約書を結ぶところがほとんどです。契約する内容は、終生飼養、完全室内飼い、きちんとした獣医療を受けさせることなど。ほかに定期的に猫の様子をメールで知らせることなどを盛り込んでいるところもあります。契約書は事前によく確認し、不明な点は質問しましょう。

また、譲渡の際には数万円程度の譲渡費用を支払う場合がほとんどです。ひと昔前までは近所で産まれた野良猫は無料でもらえるという感覚でしたが、現代では猫にきちんと獣医療を施してから譲渡するなど事情が変わっています。そのため、猫にかかった医療費や飼育費用、活動の運営費などを里親さんが負担するのがスタンダードになっています。そういった意味でも、活動の主旨に賛同でき、応援したいと思えるボランティアさんから譲り受けるのがいちばん。ホームページやブログで活動の報告をしているボランティアさんも多いので、ぜひチェックをしてみてください。

保護猫の場合、野良猫に行うべき医療ケア（21ページ参照）はすべて済んでいることもありますし、譲渡後に一部を里親さんが行う場合もあります。例えば2回目のワクチン（38ページ参照）は里親さん側

で行う場合などもありますので、譲渡の際にはどこまで済んでいるかを必ず確認しましょう。また、その猫の健康状態や食事内容なども情報を引き継ぎます。譲り受けたあとに困ったことがあれば、保護主さんと連絡を取って相談をするとスムーズでしょう。

ボランティアさんのなかには、トライアル期間を設けているところもあります。数週間〜1か月ほどのお試し期間で、実際に猫と暮らしてみて「大丈夫」と確信してから正式譲渡になるというものです。特に先住猫や先住犬がいる場合は、新しい猫との相性を見る必要もあります。ただ、猫は環境の変化がとても苦手な動物。トライアルしたもののやはり無理だったと猫を返すのは双方にとって大変ですし、猫にも大きな負担をかけます。気軽にトライアルするのは避け、猫を返すことはなるべくないようにしたいものです。

POINT

- 里親になるための条件はそれぞれ
- 数万円程度の譲渡費用が発生する
- 活動主旨に賛同できるところからもらおう

里親成立までのモデルケース

猫の里親になるまでの段階は申し込み先によって異なりますが、
おおよそこのようなステップで進みます。

申し込み

ネットなどから猫の里親希望者として申し込みをします。家族構成や住環境、先住ペットの有無などを伝えます。

↓

お見合い

保護主のところへ行って実際に猫を見たり、触れ合ったりします。保護主と申込者が詳しく話し合う場でもあり、家族全員でのお見合いを求められる場合もあります。

↓

契約

里親に選ばれたら、契約を結びます。契約書に署名・捺印し、身分証明書を確認してもらうことも。譲渡費用もここで渡します。

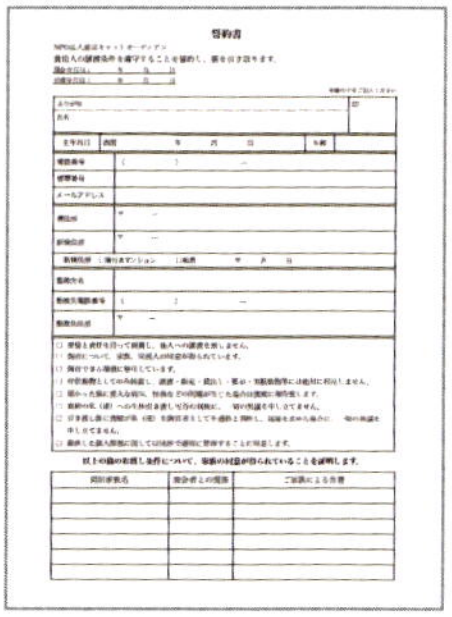

東京キャットガーディアンの譲渡契約書。

↓

譲渡

トライアル期間の有無、保護主による家のチェックの有無などはそれぞれ。保護主が家に猫を届けるのと同時に契約を結ぶことも多いです。

↓

末永くおつき合い

家での猫の様子や健康状態などを保護主にメールなどで伝えると、保護主も安心。里親さん側にも飼育相談などができるというメリットがあります。

幸せそうな猫の姿を見られるのは、保護主も嬉しいもの。

東京キャットガーディアン代表
山本葉子の保護猫エピソード①

湯煎で起死回生した子猫たち

「このままじゃ死んじゃう。助けて」。涙ながらに女性が運んで来たのは、生後まもない乳飲み子4兄妹。受け取ったものの、子猫の体はまるで氷のように冷たい。これは、無理かも……と内心思いつつ、急いでスタッフにカイロやブドウ糖液の用意を指示しました。

バタバタと慌ただしくなる空気のなか、何かいまのうちにできることはないか？ 一分一秒も惜しい気持ちでぐるっと見渡したときに、目に飛び込んできたのは水道の蛇口。お湯なら、いますぐ出る……。すぐそばにあった取っ手付きのビニール袋をつかみ、穴が開いていないかを急いで確かめました。洗面器にお湯を張り、子猫を袋に入れて、そっと中に入れます。待つこと、1分、2分……。死んだように動かなかった子猫たちが、モゾモゾ、モゾモゾと動き始めたときの気持ちは「やった！」これが、24ページで紹介した「濡れないお風呂」、通称「湯煎《ゆせん》」誕生のきっかけです。急場でとっさに出たアイデアでしたが、必要は発明の母ですね。その後も何度もこの方法で低体温の子猫を復活させることができました。特に複数の子猫をいっぺんに温めたいときはカイロや湯たんぽより優れた方法だと思います。

その後、必死の世話の甲斐あって元気になった子猫たち。4匹はそっくりなキジトラで、授乳のときにどの子にやってどの子がまだなのかわからなくなるくらい。箱を2つ用意して、授乳した子は別の箱に移動させ把握しました。夜中も起きて授乳するのは辛かったけれど、「ミルクくれー！」とピイピイ鳴く元気な姿を見られるのは何より嬉しかった。4匹で1つのビニール袋に入れるくらい小さかったキジトラたちは、大きく育ってそれぞれ里親さんの元へ旅立ちました。

2 育てる

子猫を育てるには、まず週齢を見極めよう

「道ばたで鳴いている子猫を見つけ、放っておけず拾ってしまった」。これが野良猫を飼い始めるきっかけとして最も多いパターンです。子猫は何ものにも代えがたいかわいらしさがあり、庇護《ひご》しなければという使命感をかきたてられますよね。

ですがそれは翻《ひるがえ》っていえば、「子猫は庇護がなくては生きていけない」ということでもあります。子猫期は体力や免疫力が低く、お世話に気の抜けない時期。成猫なら何でもないような猫風邪で命を落としてしまうこともあり、油断できません。

ひとくちに子猫といっても、成長段階によって食事の内容も異なりますし、その他のお世話のしかたも違ってきます。そのため、まずやるべきことはどのくらいの週齢の子猫なのかを見極めること。獣医師に診てもらうのがいちばん確実ですが、夜中などで動物病院に行けない場合は、52~57ページの表を参考に判断してください。歯が生えてきていれば、ミルクではなく離乳食や子猫用フードが食べられる時期になっています。口を開けて目で確認するか、口内の上あご部分に指を当ててみて、ギザギザしたものに当たったら歯が生えかけている証拠です。

乳飲み子は昼夜問わず数時間おきの授乳が必要。自分でお世話できない人は診てもらった動物病院に離乳まで預かってもらうか、それが難しければほかの動物病院や知人をあたってみましょう。

また、野良猫を保護したのですから21ページにある寄生虫駆除などを行う必要がありますが、子猫の場合は健康状態や大きさによってすぐには行えない項目もあります。獣医師の指示を仰ぎましょう。特に手で保護できるような幼い子猫や弱った子猫は、治療を優先しなければならない場合が多いでしょう。

猫の兄妹は一緒にいることが多いので、一度に複数頭保護することもあるかと思います。その場合は兄妹をひとつの段ボールやケージで世話するのがおすすめです。互いに寄り添うことで保温になりますし、幼いうちはひとりではなくほかの猫と一緒に過ごしたほうが情緒が安定するからです。

POINT

- 子猫は庇護がなくては生きていけない
- 週齢によって必要なお世話が違う
- 週齢は歯の有無などから推測できる

子猫の成長とお世話のしかた 早見表

子猫は週齢や月齢によって必要なお世話が刻々と変わっていきます。

週齢 月齢	誕生〜0週齢（0〜6日）
体重の目安	100g前後〜200g

体の状態・成長

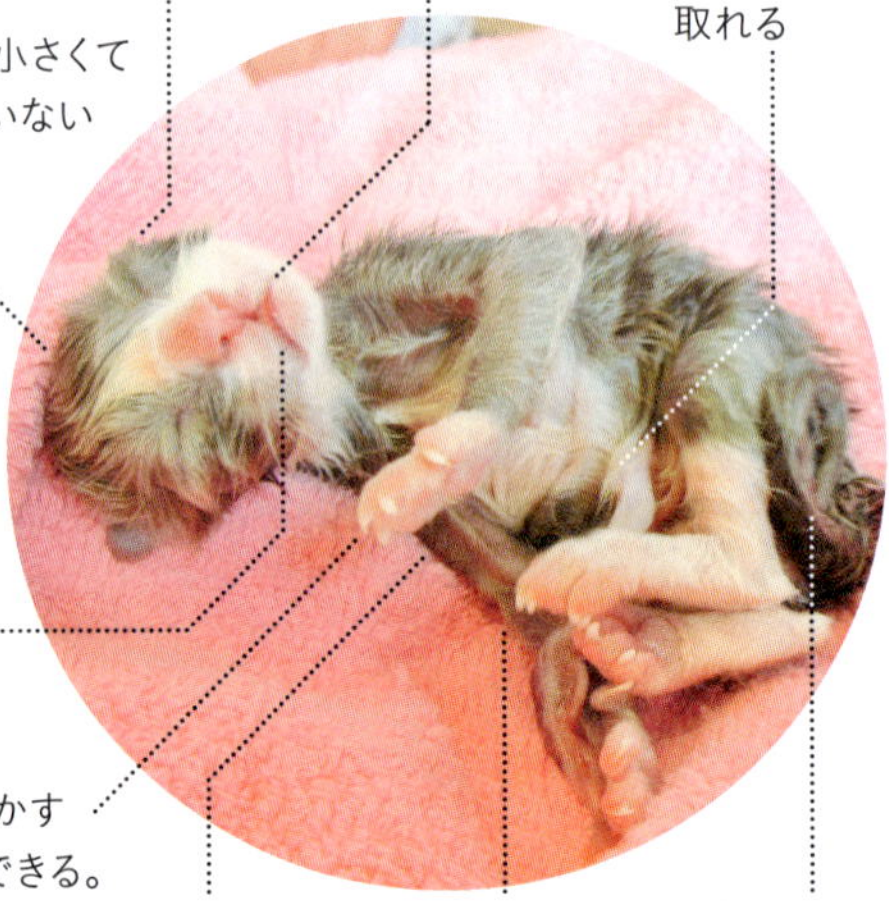

目は開いていない
鳴くことができる
へその緒は生後数日で取れる
耳介《じかい》は小さくて立っていない
歯は生えていない
足を動かすことはできる。爪はしまえず出しっぱなし
体温が保てない
毎日体重が10gずつくらい増える
自力で排泄できない

お世話のしかた

- ☑ 箱に入れてお世話し、つねに体を温める ↓60ページ
- ☑ ミルクを与える ↓68ページ
- ☑ おしりを刺激して排泄させる ↓80ページ
- ☑ 毎日体重を量って成長を記録 ↓58ページ

2週齢（14〜20日）	1週齢（7〜13日）
300g〜400g	200g〜300g

2週齢

耳の穴が開き、音がはっきり聞こえ始める

動くものを目で追い始める

後ろ足も踏ん張れるようになる

社会化期が始まる

よちよち歩きを始める

1週齢

耳の穴が開き始める

目が開き始めるがまだよく見えない

前足で体を支えられるようになる

社会化期とは

視覚や聴覚が機能しはじめ、周りの世界を初めて認識する時期。猫の場合、2週齢から7週齢が社会化期といわれ、この時期に慣れたものは一生を通して受け入れやすくなるといわれます。優しく接して「人は怖くない」ことを教えると人懐こい猫になりますし、この時期にほかの猫と一緒に過ごした猫は多頭飼いがしやすくなります。

☑ 右ページと同じ

※成長段階は目安です。栄養状態が悪い子猫の場合、表と異なることがあります。

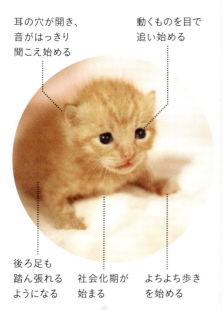

	3週齢（21〜27日）	1か月齢（4〜7週齢）
週齢 月齢	3週齢（21〜27日）	1か月齢（4〜7週齢）
体重の目安	400g〜500g	500g〜1kg
体の状態・成長	走れるようになる 乳歯が生え始める  爪を出し入れできるようになる 自力で排泄できるようになる	この頃までは瞳の色が子猫特有のキトンブルー（青灰色） 体温調節ができるようになる ※保温はまだ必要です 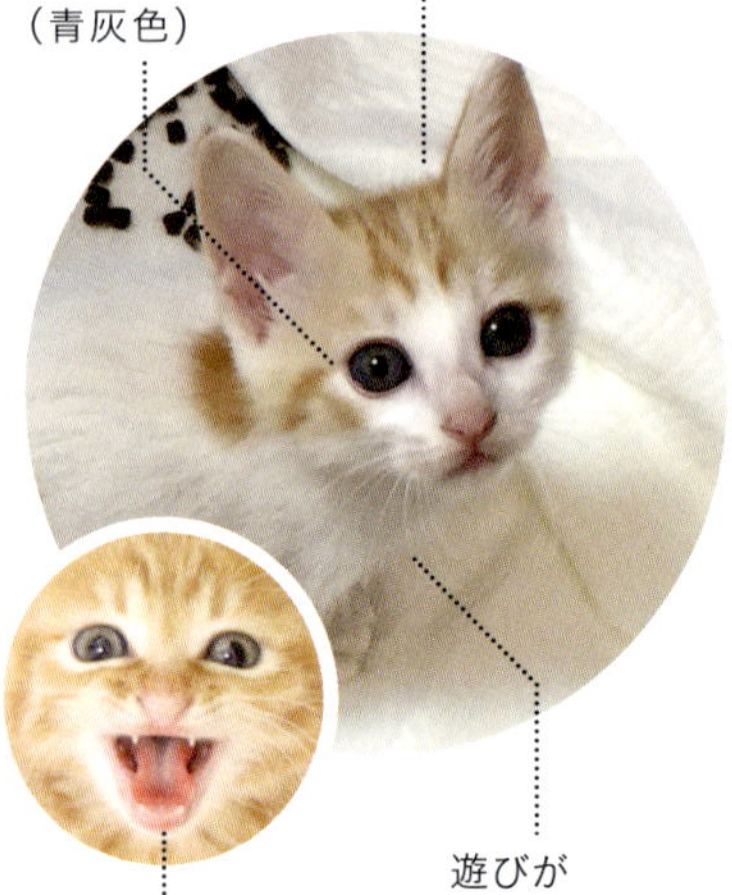 乳歯が生え揃う 遊びが活発になる
お世話のしかた	☑ミルクから離乳食への切り替えをスタート ↓74ページ ☑トイレトレーニングを始める ↓82ページ	☑箱からケージに移してお世話する ↓62ページ ☑離乳食から子猫用ドライフードへの切り替えをスタート ↓78ページ ☑内部寄生虫の駆除をする ↓28ページ ☑体のお手入れに慣らし始める ↓114ページ

3か月齢	2か月齢（8〜11週齢）
1.5kg〜2.5kg	1kg〜1.5kg
運動能力が 成猫とほぼ同じになる 	瞳の色がキトンブルーから その猫本来の色に変わり始める  オスは睾丸のふくらみが はっきりしてくる
☑ 2回目のワクチン接種 ↓38ページ 最初は続けて ワクチンを打つと 効果が高いんだ！ 	☑ 初回のワクチン接種をする ↓38ページ 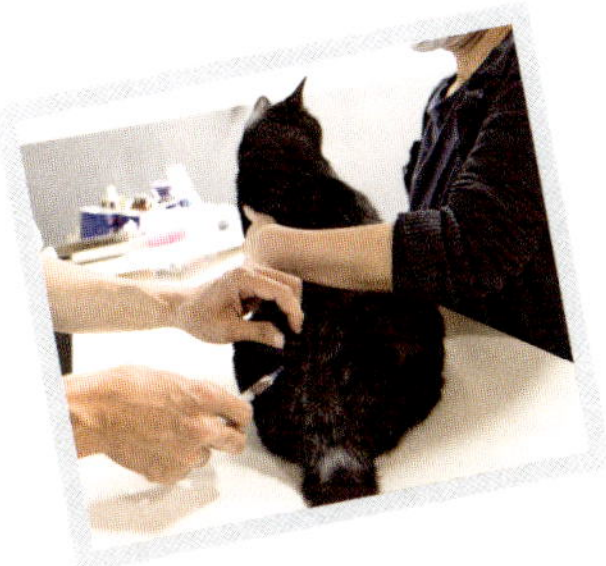

	4か月齢	5か月齢
週齢 月齢	4か月齢	5か月齢
体重の目安	2.5kg～3.5kg	3.5kg～4kg

体の状態・成長

4か月齢

乳歯から
永久歯に生え
替わり始める

乳歯の横に
永久歯が並ぶことも

発情期を迎えるメスも現れる

5か月齢

オスはマウンティングやネックグリップ（うなじに噛みつく）など交尾がらみの行動をしはじめる

お世話のしかた

☑ 3回目のワクチン接種

↓38ページ

最初の発情期を迎える前に去勢・不妊手術をするのがベスト

個体差がありますが、早いとメスは4か月齢、オスは9か月齢で交尾可能になります。子猫を作る予定がなければ一度も発情しないうちに手術するのがベスト。そうすれば、メスは乳腺腫瘍などの病気のリスクを減らせます。また、発情期にはマーキングのオシッコをあちこちにするようになりますが、一度発情を迎えた猫はその後手術をしてもこの行動が残ることがあります。

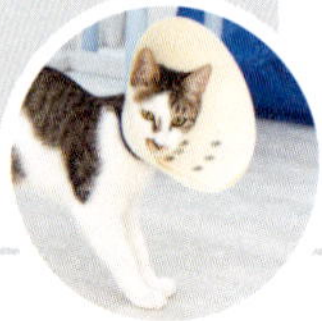

1歳	6か月齢
3.5kg〜5.5kg	3.5kg〜4.5kg

おとなの体になる

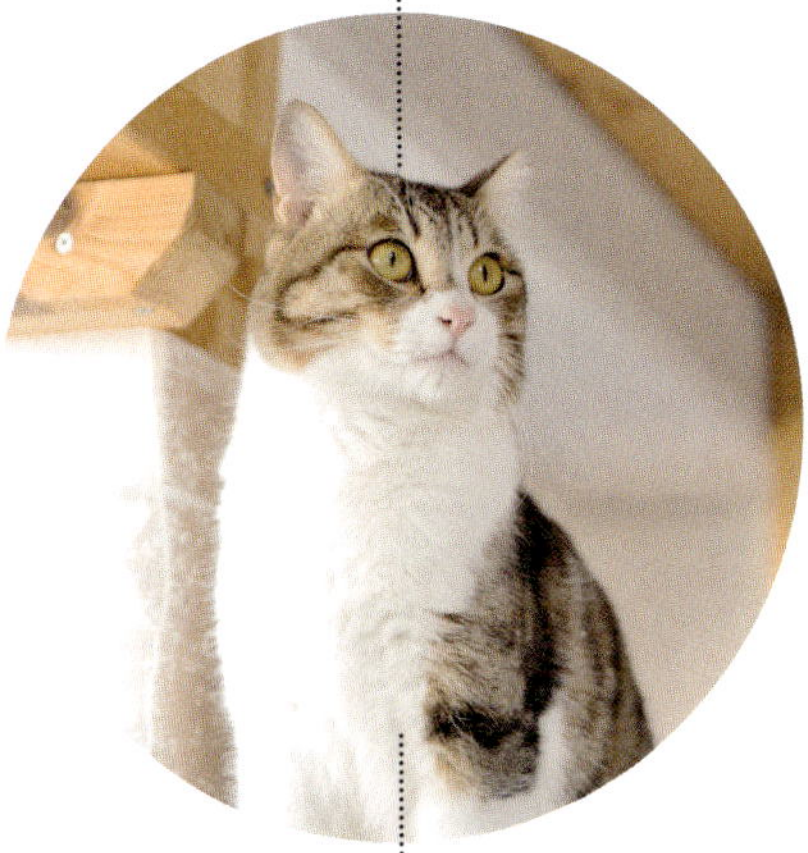

猫によっては1歳を過ぎても
しばらく成長しつづける子も

永久歯が
ほぼ生え揃う

被毛が子猫特有のベビーコートから
おとなの被毛に替わる

☑ 子猫用フードから
成猫用フードに切り替える

免疫力も高まって
ひと安心な時期！

成長とお世話の記録は欠かせない

特に乳飲み子や離乳期の子猫の場合、ちょっとした不注意が命取りになります。細心の注意を払ってお世話をするために、日々の記録をつけておくことをおすすめします。人の記憶は不確かなもの。客観的な目線でチェックするためは記録が欠かせません。

例えばこの頃の子猫は、健康なら日々体重が増えていくもの。なかなか増えなかったり、逆に減ってしまった場合には早急に獣医師に診てもらう必要があります。日々の記録をつけておけば、受診の際に「○日から増えていない」「○g減った」など正確な状況を伝えることができます。

ミルクや離乳食の量、回数、与えた時間、排泄の記録もつけておきます。ミルクを飲む量が少ない、ここ数日ウンチをしていないなど、記録を見ることで気づきやすくなります。その他、気になったことは何でも書き留めておきましょう。子猫が無事成長した暁には、誇らしい成長の記録となっています。

余裕があれば写真も撮影しておきましょう。この時期は特有の青灰色の瞳(キトンブルー)をしていたり、猫によっては子猫時代にしかない模様があることも。あとから見返すと楽しい思い出となります。

POINT

- **授乳・排泄・体重を毎日記録しておく**
- **日々の記録は受診の際にも役立つ**
- **余裕があれば写真撮影もしておこう**

子猫の体重の量り方

箱などに入れて量る

子猫をそのまま乗せるともぞもぞ動いて量りから下りてしまいます。箱などに入れて量りに乗せましょう。箱の重さは差し引いて計算します。箱から出て来てしまう場合は、子猫を袋に入れ袋の上を持ちながら量りの上にそっと置く方法でも、おおよその体重がわかります。

キッチンスケールが便利

子猫を量るには、細かい単位まで量れるキッチンスケールが必需品です。

性別の見分け方

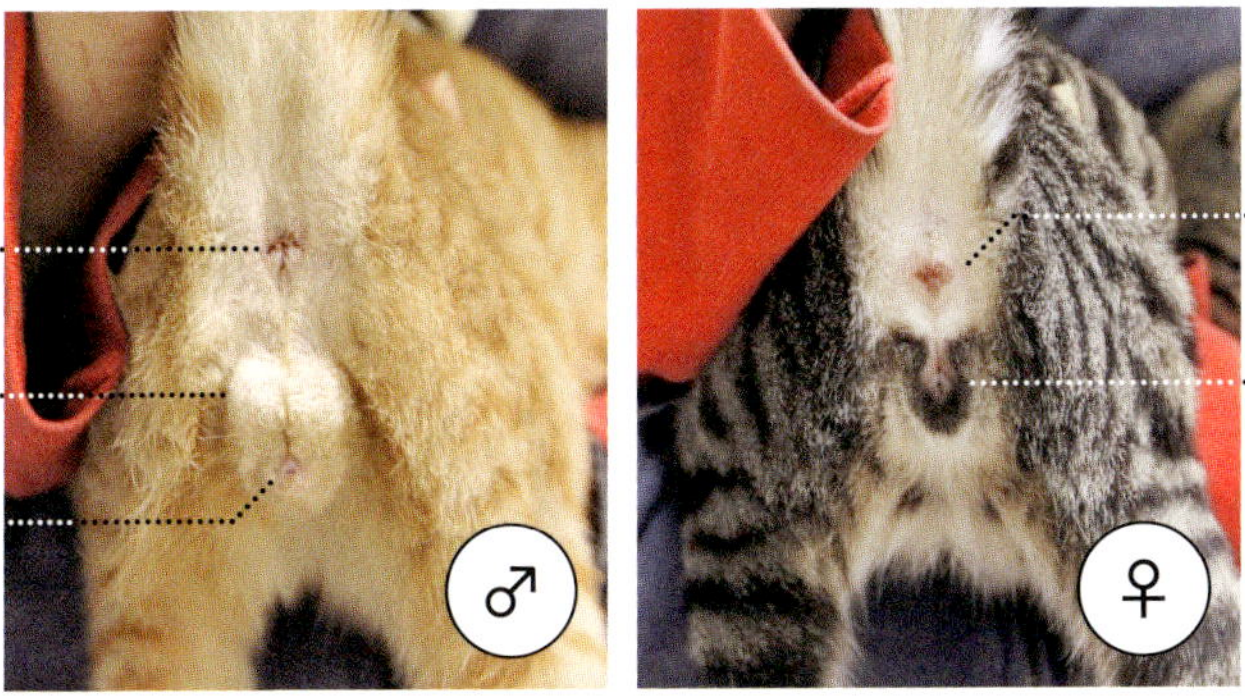

オスは睾丸がある分、肛門〜陰茎の距離が長く、メスは肛門〜外陰部の距離が短いのが特徴です。とはいえ幼い時期は見分けが難しいため、獣医師に見てもらうのが確実です。2か月齢くらいになると睾丸がふくらんでくるので見分けやすくなります。

3週齢までは箱の中で保温して育てる

子猫は生後1か月ほどにならないと自分で体温をキープすることができません。ですから母猫は子猫のそばを離れず、つねに温めているのです。人間が乳飲み子を育てる場合も同様に保温する必要があります。体温が下がってしまうと体力のない子猫はすぐに弱ってしまうことを忘れないでください。

子猫を箱に入れ、湯たんぽや使い捨てカイロも箱に入れて子猫を温めます。「温かいものに触れている、そばにある」感触が子猫を安心させます。

兄妹猫がいる場合は一緒にひとつの箱に入れましょう。子猫が1頭の場合は、母猫や兄妹猫の感触に近いふわふわした感触のタオルやフリース、ぬいぐるみなどを一緒に入れると安心できます。

湿度もある程度高いほうが、猫風邪などの感染症を防げます。加湿器などで湿度50〜60％ほどをキープしましょう。箱を置く場所は机の上など、部屋のなかで中間くらいの高さの場所がベスト。床や天井に近い場所は室温が不安定で、暑すぎたり寒すぎたりする場合があるので避けてください。

夏場、蒸し暑いときは加温や加湿は不要ですが、母猫の感触に近いふわふわの寝床は必要です。

POINT

- **子猫は自分で体温をキープできない**
- **湯たんぽやカイロを箱の中に入れて保温**
- **母猫に似たふわふわした感触のものも用意**

乳飲み子のお世話環境

熱源より2〜3倍の大きさの箱を用意

生まれたばかりの子猫でもハイハイして動き回ります。保温や安全確保のために、段ボールやプラケースなどの箱に入れて育てましょう。カイロなどの熱源で暑くなったときに逃げられる場所が必要なので熱源より大きい箱に入れますが、大きすぎると寒い場所が多くなりすぎるため、熱源の2〜3倍くらいの大きさが◎。乳飲み子の場合、高い場所は乗り越えられないので高さはそれほど必要ありません。壁を乗り越えられるくらい活発になったら段ボール板をつなげて壁を高くするか、64ページのような環境へ引っ越します。

箱の上にタオルなどをかけて薄暗くする

乳飲み子時代は隠れ家で育てられるもの。薄暗い場所のほうが落ち着きます。空気を遮断することで保温にもなります。

ペットシーツやタオルを敷く

箱の底にはペットシーツやタオルを敷き、排泄物などで汚れたら取り換えます。

ふわふわした感触のものがあると◎

子猫は母猫や兄妹猫の毛皮に包まれて育ちます。特に1頭の場合、似たような感触のタオルやぬいぐるみが寝床にあると落ち着きます。

カイロや湯たんぽで温める

いずれもタオルやカバーなどで覆って直接触れたときに熱すぎないようにし、冷める前に新しいものと取り換えます。アンカなどのペットヒーターで温めてもよいですが、ものによってはサーモスタット式で電源が切れた際、冷えすぎてしまうものがあるので注意しましょう。

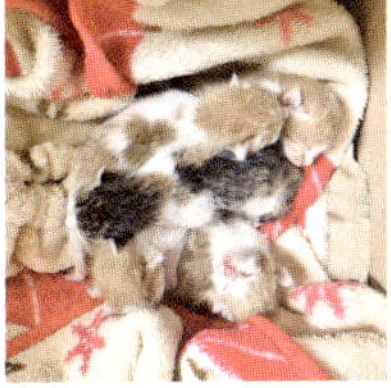

兄妹猫は同じ箱に

兄妹は一緒に育つもの。同じ箱に入れればお互い保温にもなります。病気の子は箱を分けたほうがいい場合もありますが、獣医師に相談しましょう。

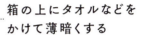

1か月齢からはケージで育てる

1か月齢の子猫はだいぶ活発なので、箱ではすぐに乗り越えられてしまいます。かといって部屋の中に放すと人間の手の届かない狭い場所に潜り込んでしまったり、思わぬものを口にしてしまったりして危険。特に保護したばかりで人に馴れていない猫はあちこち逃げるとお世話ができませんし、人馴れさせるためにもケージ内でお世話するのがベストです。これは成猫を保護した場合も同じです。

ケージにはさまざまな種類がありますが、壁面が布製のソフトケージではなく、プラスチックや金網などのハードケージが掃除しやすくおすすめです。高さのある2〜3段ケージはジャンプできるので運動不足にならず長期間使うのに適していますが、幼い子猫には大きすぎて保温がしづらいというデメリットもあります。子猫期の一時的な使用であれば、1段ケージがおすすめです。

ケージ内に用意するのは、寝床、トイレ、飲み水。寒い時期はペット用アンカなどを入れて保温しましょう。猫は隠れられる場所があると安心できるので、天井部分のある猫ベッドを用意したり、箱などでハウスを手作りするとよいでしょう。フードは時間を決めて与えるか、ドライフードをつねに用意しておいてもかまいません。

また、猫は狭い場所が好きな動物。ケージの周りは布や段ボールで覆ってあげると安心します。ケー

ジの一面だけは覆わずに開けておき、人間や周りの環境が見えるようにしましょう。新しい環境に慣れるまでは、四方八方を注意しなくてはならない環境よりも、一面だけを注意すればよい環境のほうがストレスなく過ごせます。夜間は全面を布で覆ってより落ち着けるようにしてもよいでしょう。

ケージを置く場所については、静かで人の出入りの少ない場所のほうが猫が安心して過ごせますが、これから飼い猫として生きていくのですから、人間の存在や生活音（家電の音など）に慣らすことも大事です。ですからあまり置き場所に気を遣う必要はありません。選べるならばはじめは静かな場所、少し慣れたらリビングに移動するなど、猫の様子を見ながら変えていってもよいでしょう。もちろん寒すぎたり暑すぎたりする場所は避けて、快適に過ごせる場所を選んでください。

POINT

- **活発な子猫を部屋に放すのは危険**
- **１段のハードケージを選ぼう**
- **安心感も大切、徐々に慣らすことも大切**

ケージのレイアウト

ケージ内に寝床、トイレ、飲み水を設置します。
扉の数が多いケージが使い勝手がよくておすすめです。

落ち着く寝床を用意

箱にタオルを敷いたものなどでOKですが、屋根があるベッドやハウスがあるとより安心できます。

トイレ砂を入れた容器をケージの隅に置く

トイレは入れておくだけで教えなくても覚える猫がほとんどです。

→ 82ページ

ケージの周りは布や段ボールで覆う

一面以外は布や段ボールで覆うと猫が落ち着きます。水や砂がケージ外に飛び散りにくく掃除が楽になる利点も。

トイレから離れた場所に飲み水とフードを置く

トイレ砂が入りにくいように離れた場所に置きます。水入れはケージの網に取り付けられるタイプの容器がひっくり返しにくくておすすめです。

ケージ天井から ハンモックを吊るして 空間を有効利用しても

猫はなぜかハンモックが大好き。ハンモックをケージ天井から吊るせば、空間を上下に分けて利用できます。

兄妹猫は同じケージでOK

兄妹猫は同じケージに入れると一緒に遊べますし、保温にもなります。ただし、頭数が多い場合はその分広いケージが必要。また、病気の猫がいる場合はケージを分けたほうがいいこともあります。

2～3段ケージは生後3か月以上から

2～3段ケージは上下運動ができるというメリットがありますが、広い分保温がしづらいというデメリットも。生後2か月までの子猫は1段ケージがおすすめです。

室温・湿度は高めをキープしよう

離乳前より安心とはいえ、生後4か月くらいまでの子猫はまだまだ気を抜けない時期。室温は22～28℃を保ち、湿度も50%以上をキープしてください。さらに寒い時期は寝床にペット用アンカやカイロも追加しましょう。気温の下がる夜間に体調を崩してしまわないよう、空調や加湿器は24時間フル稼働で。

子猫の食事は週齢によって目まぐるしく変わる

子猫は週齢によって食事内容が目まぐるしく変わっていきます。誕生から2週齢まではミルク。本来は母猫がつねにそばにいて、飲みたいときに好きなだけ飲むことができるときです。人間が子猫を育てる場合も、頻繁な授乳が必要です。

その後、乳歯が生え始める3週齢になると離乳食を始めます。その際、ミルクをパタッとやめて離乳食だけ、というようにいきなり切り替えることはありません。ミルクを与えつつ、離乳食の割合を毎日少しずつ増やし、約2週間かけて切り替えていきます。そうやってミルクしか受け付けていなかった胃腸を徐々に固形物に慣らしていくのです。

乳歯が生え揃う6週齢頃には、ドライフードが食べられるようになります。このときも、離乳食を与えつつドライフードの量を少しずつ増やして徐々に切り替えていきます。順調に行けば、8週齢頃には離乳食を卒業することができるでしょう。

置きエサ可能のドライフードが食べられるようになればお世話の手間もぐんと減ります。それまでは人間の赤ちゃんと同じく、つきっきりのお世話が必要で気が抜けない時期です。

POINT

- **乳飲み子は頻繁に授乳する**
- **乳歯が生え始めたら離乳食スタート**
- **乳歯が生え揃ったらドライフード**

子猫の食事内容の変遷

子猫の食事は週齢によって目まぐるしく変わっていきます。
ですからどのくらいの週齢の子猫なのか正しく見分けることが大切なのです。

0週齢
1週齢
2週齢
3週齢
4週齢
5週齢
6週齢
7週齢
8週齢

子猫用ミルク

離乳食

子猫用ドライやウエット

0〜2週齢

ミルクしか飲めない時期

すべての栄養をミルクから摂取します。幼い猫ほど頻繁に授乳する必要があります。

3〜4週齢

ミルクから離乳食への移行期

ミルクを与えつつ、離乳食も与え始めます。胃腸を固形物に慣らすために、初日はほんのひと口だけ。毎日少しずつ与える量を増やしていきます。はじめは嫌がる子猫もいますが、そのうち必ず食べるようになります。

6〜7週齢

離乳食から普通のフードへの移行期

乳歯が生え揃えばドライフードも食べられるようになります。離乳食の食感を好まずいきなりドライフードを食べ始める子猫もいます。

乳飲み子には子猫用粉ミルクを用意しよう

猫も人間と同じように、生まれたばかりはミルクで育ちます。人間の赤ちゃん用の粉ミルクと同様、子猫用に成分を調整した粉ミルクが市販されていますので購入してください。夜中などで粉ミルクが入手できない場合は、一時的になら牛乳を煮沸して与えてもかまいませんが、牛乳に含まれる乳糖で下痢を起こす恐れもあるので必ず一時的な使用に留めてください。

また、間違えやすいのが猫用として市販されている液体ミルク。これは単に牛乳から乳糖を取り除いたもので、乳糖による下痢はしないものの子猫の成長に必要な栄養素が十分含まれているものではないので、選ばないようにしてください。

ミルクの作り方や分量は粉ミルクの缶に説明書きがあります。ただし、はじめに与えるときは消化しやすいよう、やや薄めにして与えるとよいでしょう。その後子猫が下痢をしていないと確認できたら、規定通りの濃さにすればOKです。逆に便秘でなかなかウンチが出ない場合はミルクが濃すぎる恐れがあるので、少し薄めにしてみましょう。

ミルクの温度も大切です。母乳は母猫と同じ温度ですから、人間が与える場合も母猫の体温と同じ39℃くらいにする必要があります。冷たいミルクは飲みませんし、飲んだとしても下痢を起こす恐れがあるので、授乳中も冷めないように湯煎《ゆせん》しながら与えてください。子猫自身も体が冷えないように、温かくした部屋の中で与えたり、人間の膝の上で与えるようにしてください。

吸う力のある子猫には哺乳瓶で与えますが、弱っていて自力で吸えない子猫はシリンジで与えます。この場合は誤嚥《ごえん》させないよう、少しずつ流し込むように注意しましょう。誤嚥をすると肺炎になり命に関わるので細心の注意を払ってください。場合によっては口から胃までカテーテル（医療用の細長い管）を通してミルクを与えることもあります。

授乳の前後にはおしりを刺激して排泄もさせましょう（80ページ参照）。排泄すると食欲も増します。

POINT

- **子猫用に調整された粉ミルクがある**
- **ミルクは温めて、温かい環境で与える**
- **弱っている子猫にはシリンジで授乳**

子猫用ミルクの準備

子猫用の粉ミルクや哺乳瓶が市販されているので用意します。
シリンジは動物病院で入手できます。

用意するもの

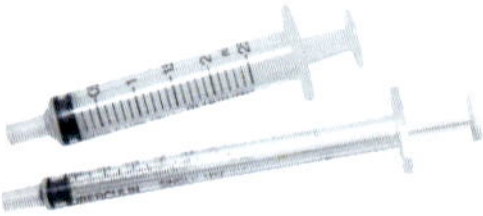

シリンジ

自力で飲む力がない子猫には、シリンジで少しずつ流し込みます。

子猫用哺乳瓶

自力で飲める子猫には哺乳瓶が◎。乳首の大きさなどが子猫に適した専用の哺乳瓶を用意。

子猫用粉ミルク

乳飲み子に必要な栄養がすべて含まれています。お湯で溶いて使用します。

湯《ゆ》煎《せん》用の皿など

授乳中に冷めないよう湯煎用のお湯を用意します。倒れにくい寸胴の皿やマグカップが便利。

乳首の先は切り込みを入れる

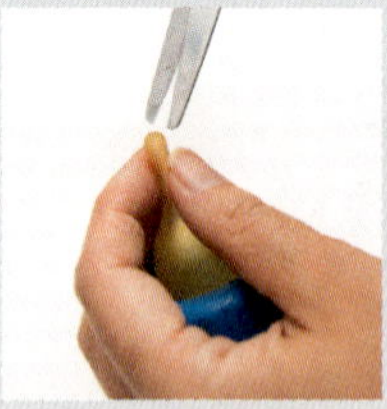

乳首部分は最初穴が空いておらず、自分で切り込みを入れて使用するものがほとんど。ハサミやカッターで十字に切り込みを入れて使います。穴が小さすぎると出が悪く、大きすぎると出がよすぎて誤嚥（ごえん）の原因に。哺乳瓶を押してみて確認しましょう。切りすぎてしまったときのために、替えの乳首も用意します。

授乳量と頻度の目安

	0週齢	1週齢	2週齢
1日の授乳量	計70㎖	計90㎖	計120㎖
授乳の頻度	2〜3時間おき	3〜4時間おき	4〜5時間おき

※量や頻度は目安です。この表より飲む量が少なくても体重が増えていれば問題ないでしょう。
※元気な子猫はおなかが空くと鳴くので、その都度ほしがるだけ与えてください。

子猫用ミルクの作り方

粉ミルクの種類によって溶かす量などが異なるので説明書通りに。
はじめは消化しやすいようにやや薄めに作りましょう。

シリンジの場合

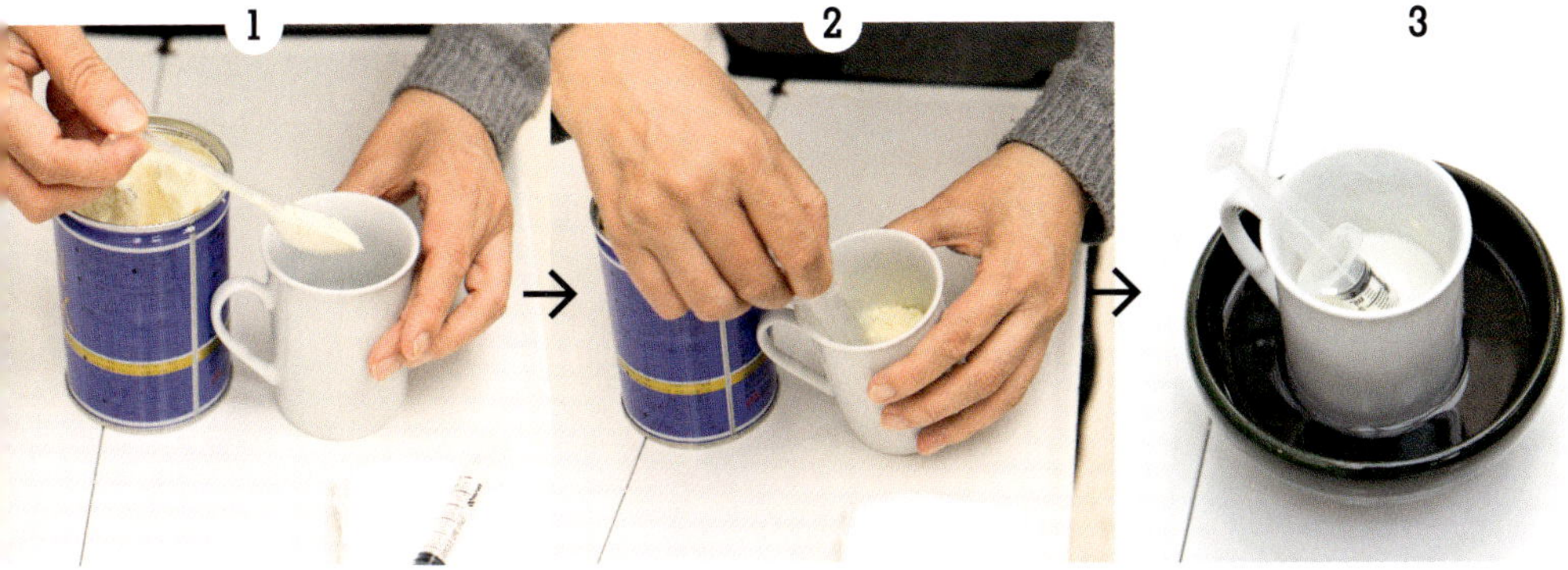

1
マグカップなどの容器でミルクを作ります。50℃ほどのお湯を入れ、その後粉ミルクを入れて溶かします。先に粉ミルクを入れるとダマになりやすいので注意。

2
よくかき混ぜて溶かします。「溶けたバニラアイスクリーム」のような、トロリとした見た目が目安です。

3
容器からシリンジでミルクを吸い取って与えます。別の容器に50〜60℃のお湯を張り、冷めないように湯煎しながら授乳します。

哺乳瓶の場合

哺乳瓶内で作る

基本的に上記と同じですが、哺乳瓶の容器の中にお湯と粉ミルクを入れ、シャカシャカ振ればOKです。

熱めのお湯に出し入れして温めても

上記のように50〜60℃のお湯に入れて湯煎するほか、沸騰させた熱いお湯に出し入れすることで39℃をキープする方法もあります。入れっぱなしにすると熱くなりすぎるので注意。

※ミルクはその都度新しく作り、作り置きはしないでください。おなかを下す原因になります。

子猫用ミルクの飲ませ方

元気な子猫は自分で吸いつくので哺乳瓶で授乳します。
自分で吸いついてこない子猫にはシリンジで与えます。

シリンジの場合

片手で子猫の頭を保定する

首がすわっていない幼い子猫は、片手で頭を保定しながら授乳します。

誤嚥《ごえん》させないようにとにかくゆっくり出す

哺乳瓶の場合は子猫が飲みたいだけ吸うものですが、シリンジの場合はある意味人間が強制的に飲ませるので、子猫がのどを鳴らして飲み込んだことを確認しつつ与えることが大切。勢いよく出し過ぎると気管に入り危険です。

横から見た姿勢

シリンジ～口～食道が一直線になる姿勢で与える

写真のような姿勢がお手本。子猫の顔を斜め上に保定しながら与えてください。

哺乳瓶の場合

哺乳瓶～口～食道が一直線になる姿勢で与える

写真のような姿勢がお手本。片手で子猫の頭を保定しても。元気な子猫なら乳首を近づけるとくわえて飲み始めます。

前足に何かを当ててあげると安心する

子猫は母猫のおなかに前足を当てて飲むもの。写真のように指を当ててあげたり、前に丸めたタオルを置いてそこに前足を乗せてあげると安心します。哺乳瓶を前足でつかむ子猫もいます。

子猫が顔をそむけたら授乳終了

顔を横にそむけたり舌で乳首を押し出したりしたら「もういらない」のサイン。それ以上無理に飲ませないでください。

NG 仰向けの姿勢は誤嚥につながって危険

子猫が母猫のお乳を飲むときは、普通腹ばいです。仰向け姿勢でミルクを飲ませるのは猫にとって不自然な姿勢で、気管にミルクが入り込む原因にもなってしまうのでやめましょう。

3週齢から離乳食を開始しよう

乳歯が生え始める3週齢からは、ミルクを与えつつ離乳食も少しずつ食べさせ始めます。やわらかいペースト状の子猫用離乳食を購入するか、27ページのようにウエットフードをすりつぶしたもの、子猫用ドライフードをミルクでふやかしたものなどを離乳食として与えます。

今までミルクだけで育っていた子猫の胃腸は、固形物を消化吸収することに慣れていません。ですからどんなに食いつきのよい子猫でも、初日にたくさん食べさせるのはNG。胃腸がついていけず下痢をする恐れがあります。

ミルクのときと同じように、離乳食を与えたあとのウンチを確認し、正常であれば1〜2週間かけて徐々に離乳食の量を増やして慣らしていきます。離乳食の量が増えれば、自然と授乳量は減っていくもの。まれにいつまでもミルクをほしがる子猫もいますが、栄養的には足りているので与える必要はありません。たまにおやつとしてミルクを与える分にはかまいませんが、歯が生え揃った子猫に哺乳瓶で与えるのは危険。乳首の先を食いちぎって誤飲してしまうことがあるので、皿で与えてください。

最初は子猫が離乳食を受けつけないこともあるかもしれませんが、76ページのように人間が口に入れて味を覚えさせているうちに自然と食べ始める子猫がほとんどです。まれにペースト状のフードの食感を好まない猫もいるので、その場合はドライフードをミルクでふやかしたものを試すとよいでしょう。なかにはふやかしていないドライをいきなり食べ始める子猫もいますが、それはそれでOKです。はじめは大量に与えない点だけは注意しましょう。また、移行期はミルクと離乳食を両方与えますが、先にミルクでおなかいっぱいになってしまわないように、離乳食を先に与えるのが基本です。

POINT

- **少しずつ胃腸を固形物に慣らしていく**
- **離乳食が進めば自然と授乳量は減る**
- **移行期は離乳食が先でミルクはあと**

離乳食の与え方

離乳食の味を覚えさせるために、はじめは指やスプーンで子猫の口の中に入れてやります。慣れたら自分で皿から食べるようになります。

指で与えるPOINT

1

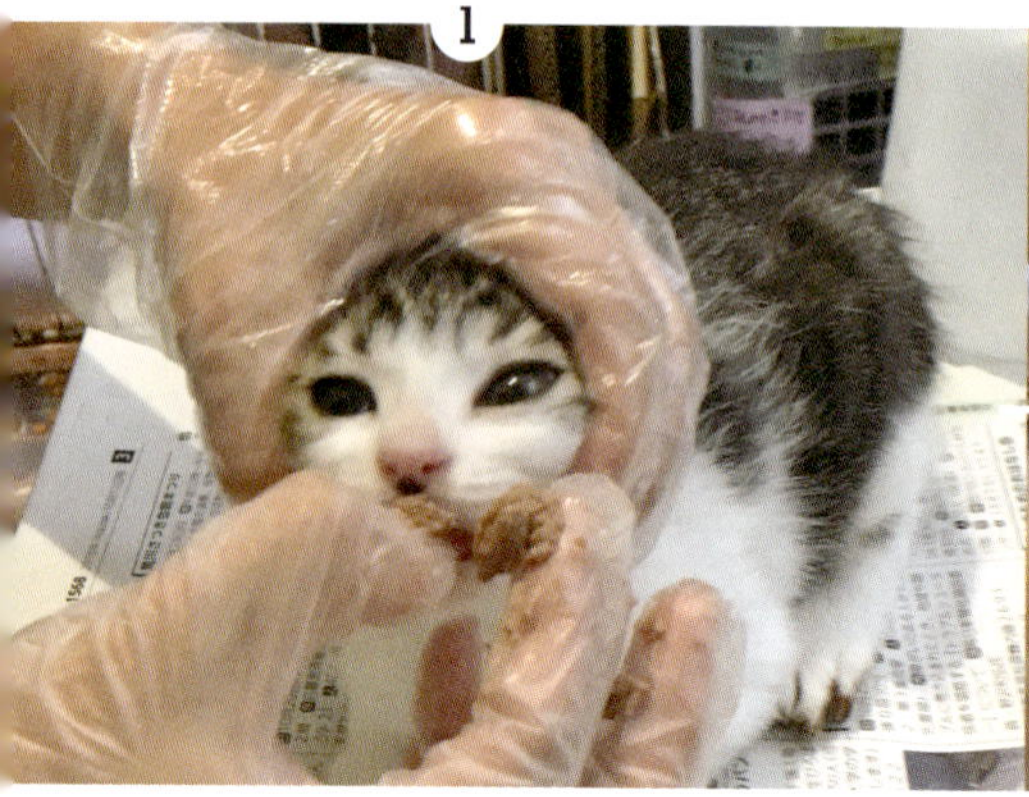

離乳食は電子レンジなどで人肌くらいに温めます。片手で子猫の頭を保定し、もう片方の人差し指に離乳食を少量取ります。子猫に離乳食のにおいを嗅がせてみてもよいでしょう。

2

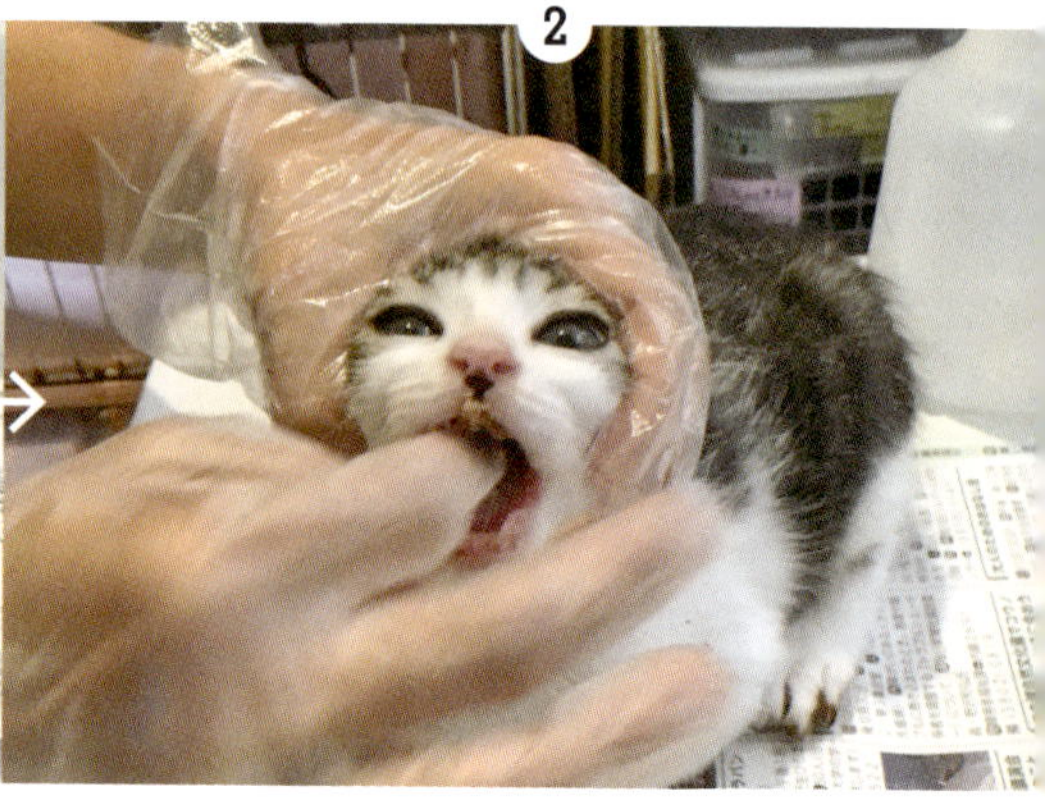

子猫の口を開け、口の中の上あご部分に離乳食をつけます。子猫が口をもぐもぐ動かして飲み込んだらOK。

1日の離乳食とミルクの回数の目安

	1～2日目	3～5日目	6～9日目	10～12日目	13日目～
離乳食	ひとなめを 2回	2～3なめを 2回	3回 食べたいだけ与えてOK	3回 食べたいだけ与えてOK	3回 食べたいだけ与えてOK
ミルク	4回	4回	3回	2回	ほしがるなら 1回

スプーンで与えるPOINT

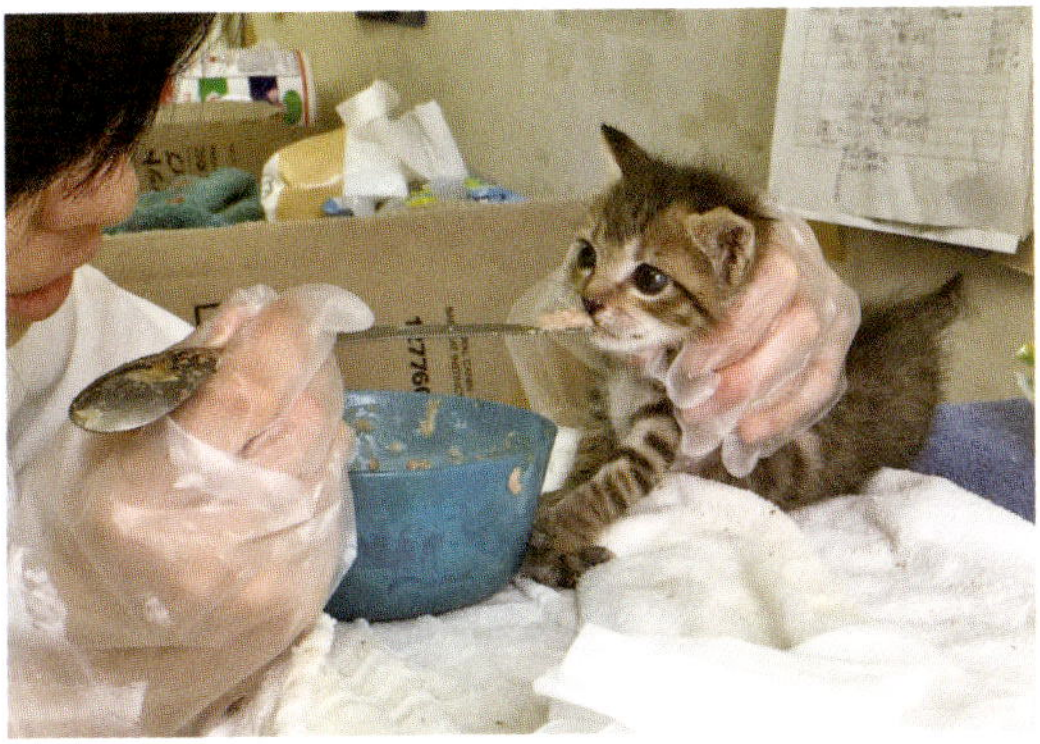

スプーンの柄の先など子猫の口に入る大きさのものに離乳食を乗せ、指の場合と同じく口の中の上あご部分につけます。

慣れたら皿で

子猫が自分で食べるようになったら皿に盛りつけて与えます。

フードは山のようにこんもりと盛る

平たく盛られると猫はうまく食べられません。なるべく山のように高く盛ってあげるとうまく食べられます。これは成猫でも同じです。

6週齢からは子猫用ドライフードを与え始める

乳歯が生え揃う6週齢頃になると、固いフードが食べられるようになります。離乳食を与えつつ、子猫用ドライフードを食べさせ始めましょう。与え方のコツは特にありません。皿に盛って猫の前に出し、においを嗅がせてみてください。普通は自然に食べるようになります。ドライフードを食べるとのどが渇くので飲み水はつねに用意しておきます。

キャットフードには多くの種類がありますが、必ず「総合栄養食」「子猫用」と表示されているものを選んでください。味の好みは二の次です。意外と知られていないのですが、キャットフードには主食として与えることを前提に作られているものとそれ以外のものがあります。前者はパッケージに「総合栄養食」と表示されており、後者は「副食」や「一般食」「おやつ」などと表示されています。表示は小さいことも多いのですが、必ず確認してください。主食以外を大量に与え続けると栄養のバランスが崩れ、病気を引き起こす原因になってしまいます。

子猫用フードには子猫の成長に必要な栄養がバランスよく含まれていますし、小さな子猫が食べやすいように粒も小さく作られています。成猫用のフードでは栄養が足りないので注意してください。

また、ウエットフードにも総合栄養食があるので与えてかまいません。一般的にはウエットのほうが食いつきがよいです。「じゃあウエットだけ与えればよいのでは」と思われる方がいるかもしれませんが、両方食べられるようにしておくのがおすすめです。ドライフードは歯石予防の効果がありますし、比較的安価で持ち運びしやすく災害時などにも便利、病気になったときの療法食も種類が多いなど、ウエットにはないメリットがあります。一方ウエットにも水分を同時に摂取できるなどのメリットがあります。ドライをメインに、ウエットをおやつとして与えるのもおすすめです。

食事の回数ですが、子猫は一度に多くを食べられないので、1日に何度も与えます。特に幼い子猫ほどすぐにおなかを空かせるので、3～4回与えるとよいでしょう。日中不在にする場合は、ケージ内にドライフードを置きっぱなしにしてもかまいません。

1日の給餌量の目安はフードのパッケージに記載されていますが、幼い子猫の場合は、多少多めに食べさせても問題ありません。生後4か月を過ぎると食べ過ぎが肥満につながる恐れが出てくるので、給餌量を規定通りにしたほうがよいでしょう。

「副食」や「おやつ」も楽しみとして与えてもかまいませんが、栄養バランスを崩さないように1日の給餌量の20％以内に留めましょう。ゆでたササミなどを手作りおやつとして与えてもかまいません。ただし、人間用に味付けされたものはNG。多すぎる塩分などは病気の元ですし、濃い味に慣れるとキャットフードを食べなくなってしまいます。ネギ類など猫にとっては毒になる食べ物もあるので、人間用の惣菜や料理は与えないようにしたいものです。

POINT

- **皿に盛って出せば自然に食べ始める**
- **「総合栄養食」「子猫用」を選ぼう**
- **ドライとウエット、どちらにも利点がある**

乳飲み子や離乳期は排泄のお世話が必要

幼い子猫は自力で排泄ができません。母猫がおしりをなめ、その刺激で排泄をするのです。人間が幼い子猫を育てる場合は湿らせたガーゼやティッシュで肛門や尿道口を軽くトントンと叩いて刺激します。獣医師にやり方をレクチャーしてもらうとよいでしょう。排泄しないと食欲がわかないのは猫も同じ。授乳や離乳食を与える前に必ず排泄のお世話をしましょう。食後にも行うとよいでしょう。

刺激がなくても、箱の中で歩きまわっているうちに排泄していることもあります。汚れたタオルやペットシーツは取り換えてあげましょう。子猫の体も汚れていたら拭いてきれいにします。

乳飲み子の場合、ミルクしか飲んでいないので毎日はウンチをしません。しかし、3日も4日も出ないのは便秘かもしれず、便秘になるとミルクをあまり飲まなくなってしまいます。ミルクが濃すぎるとウンチが硬くなって便秘になりやすいので、やや薄くしてみましょう。そのほかマッサージをしたり、離乳期以降ならフードにオリーブオイルを1滴混ぜてみるという方法もあります。それでも出ないときは獣医師に相談を。場合によっては浣腸を行います。

POINT

- **ガーゼなどで優しくトントン刺激する**
- **食前と食後に排泄させよう**
- **3〜4日ウンチが出なければ便秘を疑う**

幼い子猫の排泄のお世話

こすらず優しくトントンと刺激

湿ったガーゼなどで子猫の肛門〜尿道口の辺りを軽く叩きます。出て来たオシッコやウンチはガーゼで受け止めながら、最後まで出るように刺激を続けます。量が多い場合はガーゼを取り換えながらすべてぬぐいます。

片手で子猫を持つ

子猫の胴体を片手で持ちます。姿勢は仰向けでも腹這い姿勢でも何でもOK。オシッコなどが落ちてもかまわないように、タオルやペットシーツの上で行います。

便秘のときはマッサージしてみる

おなかを「の」の字を描くように優しくマッサージしたり、ガーゼをぬるま湯で湿らせて肛門周りを優しく刺激してみるとウンチが出ることがあります。

人間の赤ちゃん用のおしり拭きが便利

はじめから湿っているので手間が省けます。単なるウエットティッシュはアルコールなどが含まれていて肌が荒れる恐れがあるので避けて。

3週齢からトイレトレーニングをスタート

離乳食を始める3週齢頃からは、子猫も徐々に自力で排泄ができるようになります。容器にトイレ砂を入れたものを用意しておきましょう。容器は子猫がまたぎやすい低いフチのものを。市販のトイレ容器ではなく、適当な大きさのプラケースや段ボール箱にペットシーツを敷いたものでもかまいません。成長したらちゃんとした大きいトイレ容器を用意してください。

砂はいろんな種類がありますが、本物の砂に近い鉱物系などの細かい砂がおすすめです。細かい砂は猫が本能的に排泄したくなるからです。細かい砂は飛び散りやすく掃除が大変というデメリットがありますが、それでもはじめは細かい砂をおすすめします。トイレを覚えたら、ほかのトイレ砂に替えてもかまいません。

離乳期の子猫は食事の前後におしりを刺激して排泄をさせますが、その前に用意したトイレの中に入れてみましょう。猫は砂があると本能的にそこで排泄したくなる生き物です。タイミングが合えば、前足で砂をかいて排泄をするはずです。

トイレに入れても興味を示さなかったり排泄を行わない場合は、おしりを刺激して排泄させます。その際、トイレの砂の上でおしりを刺激して、出て来たオシッコをそのまま砂の上に落として吸収させます。自分のにおいのついた砂なら興味を引かれてそ

こで排泄するようになる可能性が高まります。次の食事の際に、またトイレに入れてみましょう。

1か月齢以降の子猫は64ページのようなケージでお世話をします。この場合のトイレの覚えさせ方ですが、ほとんどの場合、ケージ内にトイレを用意しておくだけで自然に使い始めます。もしほかの場所で排泄をしてしまったら、オシッコを拭いた紙やウンチなどをトイレに入れておきましょう。自分のにおいがついたトイレならまず、使うようになります。

成猫を保護した場合も、ケージ内にトイレを用意しておけばOK。ほとんどの場合は苦もなくトイレを覚えさせられるでしょう。

POINT

- 子猫用にフチの低い容器を用意する
- 砂は本物の砂に近い、細かい砂がいい
- まずは食前食後にトイレに入れてみる

子猫のトイレトレーニング

猫は本能的に砂の上で排泄したがる動物です。
ですからトイレのしつけはそれほど難しくありません。

用意するトイレのPOINT

子猫がまたぎやすい高さの容器を用意

体の小さい子猫のために、フチが10cmほどの容器を用意します。フチが高くてまたぎにくそうにしている場合は、踏み台のようなものを手前に置いても。市販のトイレ容器には屋根や扉がついているものがありますが、はじめは外して使用しましょう。

細かいトイレ砂をたっぷり入れる

本物の砂に近い細かいトイレ砂を深さ5cm以上入れます。システムトイレ用の大きめの粒ははじめは避けましょう。

紙箱などを利用してもOK

子猫用のトイレ容器は大きくなったら使えなくなります。適当な大きさの箱にペットシーツを敷いてその上に砂を入れたり、プラケースなどを利用してもよいでしょう。

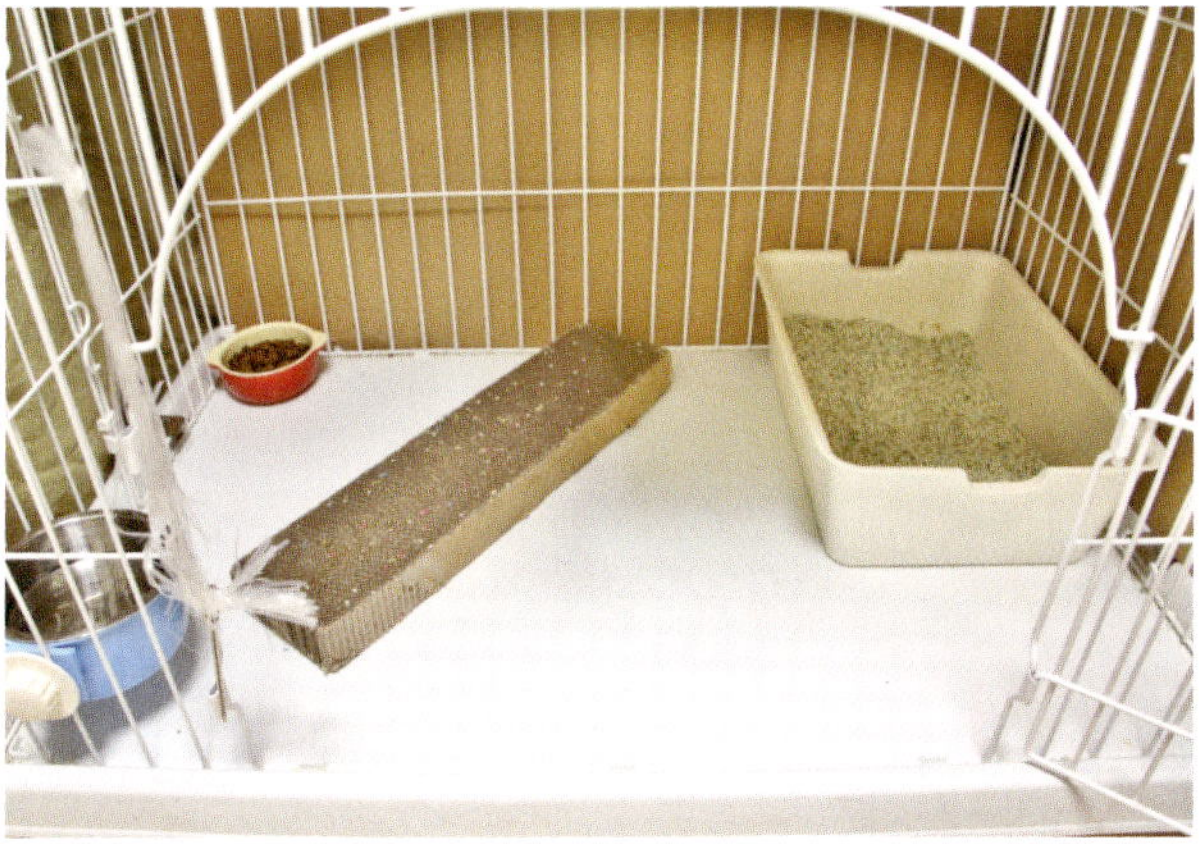

ケージ内のトイレは隅に置こう

人間も猫も、隅っこが落ち着くのは同じ。布などで覆った奥の角に置くとよいでしょう。

トイレ以外の場所で排泄してしまったら、拭いた紙をトイレに

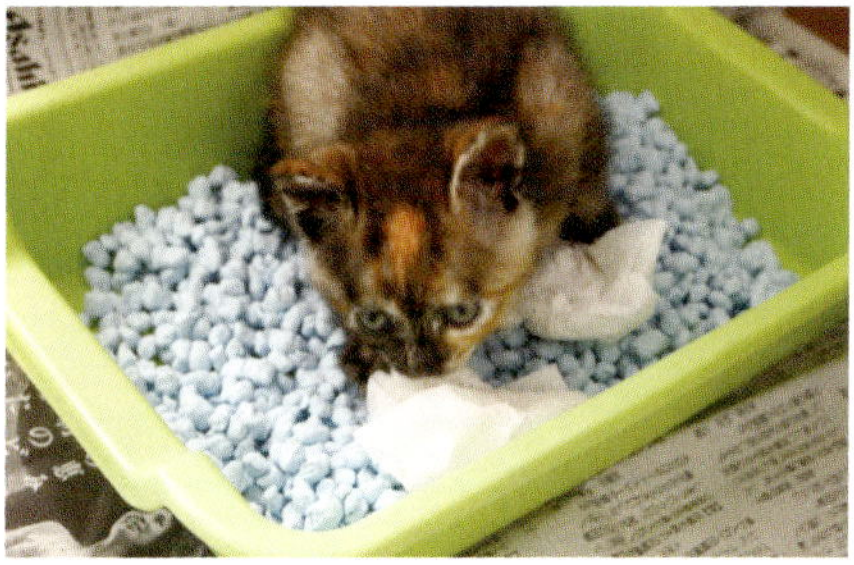

オシッコを拭いた紙やウンチそのものをトイレの中に入れておけば、トイレに猫のにおいがつきます。するとトイレを使うようになる確率が格段にUPします。猫がそわそわして床のにおいを嗅ぎ始めたタイミングでトイレに入れると、さらに成功率が高くなります。

NG トイレのそそうを叱らないで！

猫は人間を困らせようと思ってトイレ以外で排泄するわけではありませんので、叱っても叱られた理由がわかりません。「オシッコすると叱られるんだ」と勘違いして排泄を我慢して膀胱炎になったり、人目につかない場所で排泄しようとして、ますますトイレを使わなくなることもあります。また、そそうによって人間が大騒ぎするのを経験した猫は、反応を見たいがためにそそうをくり返すこともありますので、叱らず騒がず、平然と片付けるのが正解です。トイレのそそうは何らかの病気かストレスが原因の可能性もあるので、まずは病院を受診しましょう。

ウンチやオシッコは健康のバロメーター

排泄物は健康のバロメーターです。異変に気づくためには、どんな排泄物が正常なのか知っておく必要があります。特に幼い子猫は成猫とは排泄物の状態が違うので注意しましょう。

猫はもともと乾燥地帯にいた動物のため、体内の水分をなるべく失わないような体のつくりをしています。ですからウンチも水分少なめでやや硬めのコロコロしたウンチが正常です。しかし乳飲み子のときは固形物を食べていないので、やわらかいウンチをします。

オシッコも、少ない水分に老廃物を濃縮して排出するので、濃いめの黄色でにおいがきついオシッコなのが正常です。しかしこれも乳飲み子のときはほとんど色がなくにおいも薄いオシッコをします。

気になるウンチやオシッコをした場合は、獣医師に診てもらいましょう。猫自身を連れて行かなくても排泄物を持って行くだけで検査ができます。オシッコはスポイトなどで吸収し、ウンチは乾燥しないようにビニール袋に入れて持って行きます。オシッコは最低1㎖、ウンチは小指の先くらいあれば検査可能。いずれも排泄後すぐに採取したものをなるべく早く病院に持って行くのが理想ですが、すぐに持って行けないときはオシッコは冷蔵庫、ウンチは冷暗所で保管し、3時間以内に病院で検査してもらいましょう。都合が悪く現物を持って行けない場合は、写真を撮影しておきそれを見せるだけでも診察の手掛かりになります。

猫は濃いオシッコをするため、膀胱炎などの泌尿器の病気になりやすい動物です。ですから成猫になっても、オシッコの状態はつねに気にかけてあげる必要があります。排泄量が増えても減っても病気の恐れがありますし、排泄中に鳴いたり、何度もトイレに出入りするけれども排泄できていないなどの行動も病気の兆候です。猫は尿石もできやすく、尿道に尿石が詰まって排尿できなくなると、最悪の場合24時間で死に至ることもあります。たかがオシッコとあなどれないのです。

POINT

- どんな排泄物が正常か知っておこう
- 気になる排泄物は動物病院で診てもらう
- 猫のオシッコトラブルはあなどれない

子猫のウンチとオシッコの状態

食事内容によって排泄物の状態も変わります。異変があったときに気づけるよう、まずは正しい状態を把握しておきましょう。

ウンチの状態

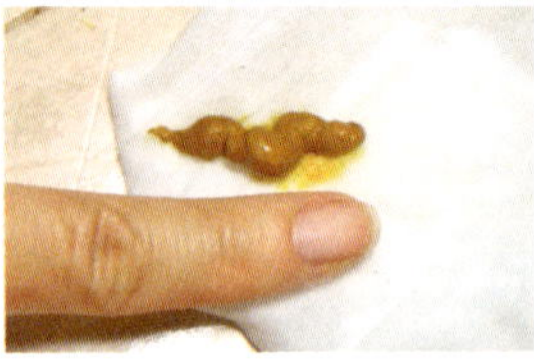

授乳期

ミルクしか飲んでいない子猫のウンチは黄色〜カボチャ色で、歯磨き粉くらいのゆるいウンチです。固形物を摂取していないので毎日排便することはありません。

離乳期

授乳期よりやや色が濃く、やや硬めのウンチになります。においもややきつくなります。

離乳後

普通のフードを食べる頃になると、コロコロした硬めのウンチになります。掃除のときにスコップにつくようなウンチは猫にとっては下痢便です。

オシッコの状態

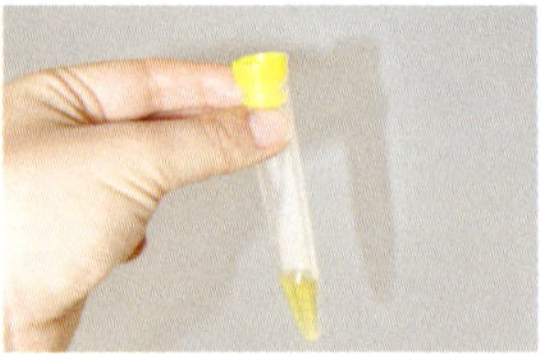

授乳期

タオルに少し色がついている部分がオシッコを拭いた場所。ごく薄い黄色でほとんどにおいません。授乳期に濃い黄色のオシッコをするのは水分不足で脱水症状を起こしている恐れがあります。

離乳期以降

濃いめの黄色でにおいのきついオシッコをします。ほとんどにおわず色が薄いオシッコや、血が混じって茶色っぽいオシッコは病気のサインです。

オシッコの量り方

いつもより多かったり少なかったりするのは病気のサイン。
気になったときはもちろん、普段からも定期的に量っておくのがおすすめです。

オシッコ量の量り方

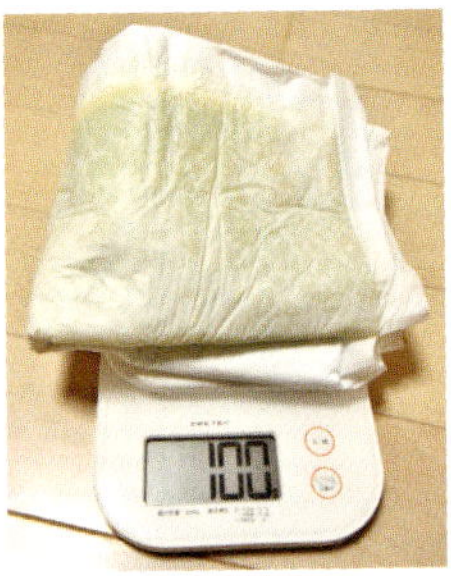

システムトイレの場合

オシッコを吸収したシーツやマットを量って増量分を計算します。シーツを敷かずにオシッコをそのままトレイに溜め、溜まったオシッコを集めて量る方法も。

固まる砂の場合

正確な量を量ることはできませんが、固まった部分の大きさでおおよその量が推測できます。いつもと量が異なるときは尿検査をしてもらいましょう。

オシッコの1日量の目安

体重	3.0kg	3.5kg	4.0kg	4.5kg	5.0kg
オシッコの量	30～90cc	35～105cc	40～120cc	45～135cc	50～150cc

内部寄生虫が排出されることも

回虫などの内部寄生虫がいた場合、ウンチと一緒に排出されることがあります。特に駆虫薬を与えた直後はよくあること。再感染しないようになるべく早く片付けましょう。

東京キャットガーディアン代表
山本葉子の保護猫エピソード②

24歳まで生きたモモ

モモちゃんはガリガリの三毛猫でした。保護したのがおそらく生後2か月くらいのときで、鼻水目ヤニがベタベタの状態。ごはんをあげると、バクッと食いつくのに「ヒッ」という感じで離れてしまいます。何だろう……? 病院に連れて行って先生に見せると、「ひどい口内炎だよ、ほら」。口の中が頬の裏も歯茎も真っ赤に腫れあがっていました。このせいで食べたくても食べられなかったのです。免疫システムの異常で、頬の内側にちょっと歯が当たったり、歯に歯周病菌が少しついているだけでも激しい炎症を起こしてしまうのだそう。解決策は抜歯とのことで、相談のうえ、全抜歯してもらうことにしました。全身麻酔での手術です。

その結果……モモちゃんはものすごく元気に!猫は基本的にごはんを丸飲みするので、歯がなくても大丈夫なんですね。痛みがなくなっておいしそうにごはんを食べていました。ガリガリだった体もふっくらして、とても人懐こい猫になりました。

手術前の血液検査で、猫エイズ陽性ということがわかっていたのですが、モモちゃんはなんとその後24歳まで生きました。本当にエイズなのか疑ったくらいです。最期まで発症せず老衰で逝きました。

ひとつ後悔しているのは、モモちゃんを隔離していたこと。当時あまり知識のなかった私は、ほかの猫にエイズをうつさないようにと完全隔離でお世話していたのです。1日のうち、モモちゃんのいる場所に行けるのはそれほど多くありません。会うたび甘える姿を見せてくれたモモちゃん。穏やかな性格の子でしたから ほかの猫とケンカすることもなかったでしょうし、エイズをうつす危険はなかったと思います。あのとき、私にもっと知識があったらなあと後悔しています。

3　馴らす

すぐ人馴れする猫もいれば数年かかる猫もいる

野良猫を飼い猫にするには、人に馴らす必要があります。人にとってはやはり馴れて懐いてほしいものですし、猫にとっても、お世話をする人間にずっと緊張したままでいるより馴れたほうが暮らしやすいのは間違いありません。また、猫の健康を守るためには体を触ってチェックしたりお手入れしたりする必要がありますので、触られることにも慣らしていく必要があります。

動物には「社会化期」という時期があります。感覚器が発達して周りの世界を認識しだす時期で、かつまだ警戒心が薄く好奇心にあふれている時期です。猫の場合、2週齢から7週齢までが社会化期とされ、

この時期に人間と接して「人間は怖くない」と覚えた猫は人馴れするといわれます。ですから幼い子猫の場合は、問題なく人馴れさせることができるでしょう。ほとんどの場合、この章で述べるテクニックを特に講じなくても、自然に人馴れしていきます。

では8週齢以上の子猫や1歳を過ぎた成猫は人馴れしないかというと、そうではありません。1歳未満の子猫なら人馴れさせやすいですし、月齢が低いほどそれはたやすくなります。1歳以上の成猫の場合、野良猫として暮らしていたときに人にかわいがられた経験がある猫なら人馴れしやすいでしょう。そうでない成猫はややハードルが高くなるものの、根気よく接していけば不可能ではありません。警戒心が強く臆病な猫ほど、人馴れしたあとはデレデレの甘えん坊になることも多いもの。そんな猫ほどかわいく、かけがえのない存在になることでしょう。

性格的にどうしてもなかなか人馴れしにくい猫もいますが、その場合は「それもこの猫の個性」と尊重しつつ接してもらえればと思います。「人に媚びない猫が好き」という方がいますが、そうしたつき合いです。甘えてくれる猫が好きな人には物足りないかもしれませんが、その場合は甘えん坊の猫を別で迎えるなりして欲求を満たしてください。そうこうしているうちに、数年後にやっと心を開いて甘えてくれるようになったという話も聞きます。人好きの2頭目を迎えたことで1頭目が警戒心を解き、人馴れしたという話もあります。

いずれにせよ、いつかは馴れることを信じて、まずは取り組んでみましょう。

POINT

- ■社会化期の子猫は自然に人馴れする
- ■警戒心の強い猫ほど人馴れ後はデレデレに
- ■どうしても馴れない猫はそれが個性

人馴れさせるにはケージ飼いが必須

ある程度大きい子猫や成猫を保護した場合は、62ページで述べたようにケージでお世話するようにしてください。これは安全にお世話をするためという理由以外に、そのほうが人馴れさせやすいという理由があります。

人馴れしていない猫は、人間が近づくと逃げます。触ろうとしても触れません。部屋の中でフリーにしたらずっと追いかけっこです。毎日追いかけっこをしていては、人と猫の距離はなかなか縮まりません。

ケージ飼いなら、ケージの外、猫のすぐそばに人が近づくことができます。最初は怖がるかもしれませんが、お世話を続けるうちに〝人がそばにいる状況〟に慣れていきます。少し慣れたら、手を伸ばしてちょっと触ることもできます。続けているうちに「触られても特に怖いことは起きない」と覚えていきます。こうして徐々に距離を縮めていくのです。これはケージ飼いでないとできないことです。部屋の中でフリーにしていても人馴れさせることはできるでしょうが、何倍も時間がかかるはずです。

「ケージ飼いはかわいそう」という方は、おそらく「狭い場所に無理やり閉じ込める」というイメージがあるのだと思います。ですが、猫は本来狭い場所のほうが安心できる動物。連れて来たばかりの猫を部屋でフリーにしたら、隠れられる狭い場所にもぐって出て来ないでしょう。だったら安全なケージで暮らしたほうがいいはずです。人間だって、だだっ広い場所に連れて来られたら本能的に隅っこに行きたくなります。どうか、「ケージ飼いはかわいそう」という思い込みは捨ててください。

ケージ内にいる猫との接し方ですが、特に怖がっている猫を、じっと見続けるのは避けてください。「シャー！」と威嚇してくる猫も、怖いから威嚇してくるのです。そういう猫をじっと見つめるのは「ケンカを売っている」という意味になってしまいます。猫にとって人間は何倍も体が大きく、いるだけで威圧感を感じてしまう存在なのです。そういう相手ににらまれたら（実際にはただ見ているだけでも）、恐怖を感じてしまうもの。ですから怖がっている猫には、「あなたには何の興味もない」というふうに、無関心を装って接してください。エサやりやトイレ掃除などのお世話も淡々と行ってください。猫の様

子が気になるとは思いますが、猫がこちらを見ていないときに確認したり、チラリと横目でチェックするくらいにします。

自分は猫をじっくり観察できなくても、猫には人間をたっぷり観察させてあげることが大切です。飼い主さんは時間があるときはケージのそばで読書をしたり、テレビを見たりして猫のほうを見ずに過ごしましょう。寝転がっている姿勢は相手に安心感を与えるので、昼寝したりするのもおすすめです。大きな音をたてると猫を驚かせてしまうので、バタバタと駆けたり大声で笑ったりするのはしばらく控えてください。猫を安心させるために、ゆっくり、ゆったりとした動きを心がけます。掃除機の音は驚かせてしまうので、部屋の掃除はしばらくホウキなどを使うことをおすすめします。

猫が人間を観察できるのは、特にはじめのうちはケージの一面だけという状態がベストです。ケージ正面以外の面は布などで覆いましょう。猫は安全な穴にこもりながら外を観察している気分になれます。

POINT

- **ケージ飼いなら猫のすぐそばに近づける**
- **無関心を装って淡々と世話しよう**
- **猫からは人間をたっぷり観察させる**

ケージ飼いを始めたばかりの接し方

ケージをあまり覗き込まず生活しよう

慣れない相手に凝視されるのは恐怖です。猫の様子を確認するときはチラリとさりげなく。猫を見ずにケージの前を通り過ぎたり、ケージのそばで静かに過ごします。

猫が威嚇したり怯えて後ずさったりしても無視

恐怖や攻撃の行動には動じないことが大切。こちらが焦るとその焦りが猫にも伝わります。

臆病な猫はケージの大半を覆っても

ケージの一面のさらに一部だけを開け、徐々に開ける範囲を広くしていくのもよい方法です。

はじめのうちはあまり干渉しない

野外から家の中という環境の変化だけでも猫にとっては大きな負担。人懐こい猫以外は、はじめの数日は食事やトイレ掃除などのお世話以外は干渉しないようにします。

触られることに慣らすのは指1本から

ケージ飼いしているうちに警戒心を解き、自分から近づいてきたり、ケージにスリスリ体をこすりつけたりするようになった猫は、もう安心です。少しずつ触ってみる練習をしましょう。まずは人差し指を1本、猫の顔の前に差し出してみます。猫が鼻を近づけてフンフンにおいを嗅いだら、あなたのにおいの確認中。「こういうにおいの人なんだな」と覚えているところです。これは通称「鼻ちょん」。まずはこれを毎日くり返します。

鼻ちょんに慣れたら、次のステップに進みます。鼻ちょんのあと、その指1本を移動させて猫の頬や体をすっと一瞬触ってみましょう。いきなり手のひらを広げて触るのは本能的に「つかまれる」気がして怖がる恐れがあるので、指1本のまま触るのがコツ。これを毎日続けて、指を徐々に2本、3本と増やし、最終的に手のひらで触られることに慣らします。手のひらに慣れたら次は、猫が触られて気持ちいい額やあごの下をなでたりかいたりしてみましょう。

ここまで来たらもう猫を見つめたり目を合わせたりしても大丈夫。親しい相手と視線を合わせるのは威嚇ではなく愛情の交換です。

POINT

- **最初のステップは「鼻ちょん」**
- **指1本から徐々に本数を増やす**
- **猫は顔周りを触られると気持ちいい**

触られることに慣らす方法

鼻ちょんから始めて徐々にステップアップします。おなかやしっぽ、
足先は猫があまり触られたくない場所なので避けて、最初は顔周りから。

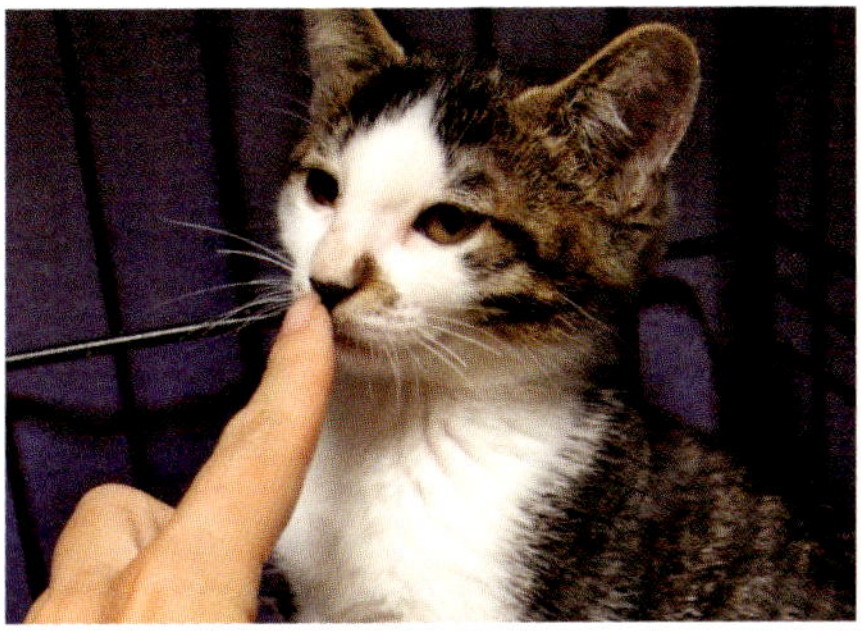

初めましてのご挨拶は鼻ちょん

猫が噛みついたり引っかいたりしなければ、指１本を猫の顔の前に差し出してみましょう。猫どうしが鼻をくっつけあってにおいを確認するのと同じで、猫は指を差し出されるとにおいを嗅がずにいられません。

手のひらで触ることに慣らす方法

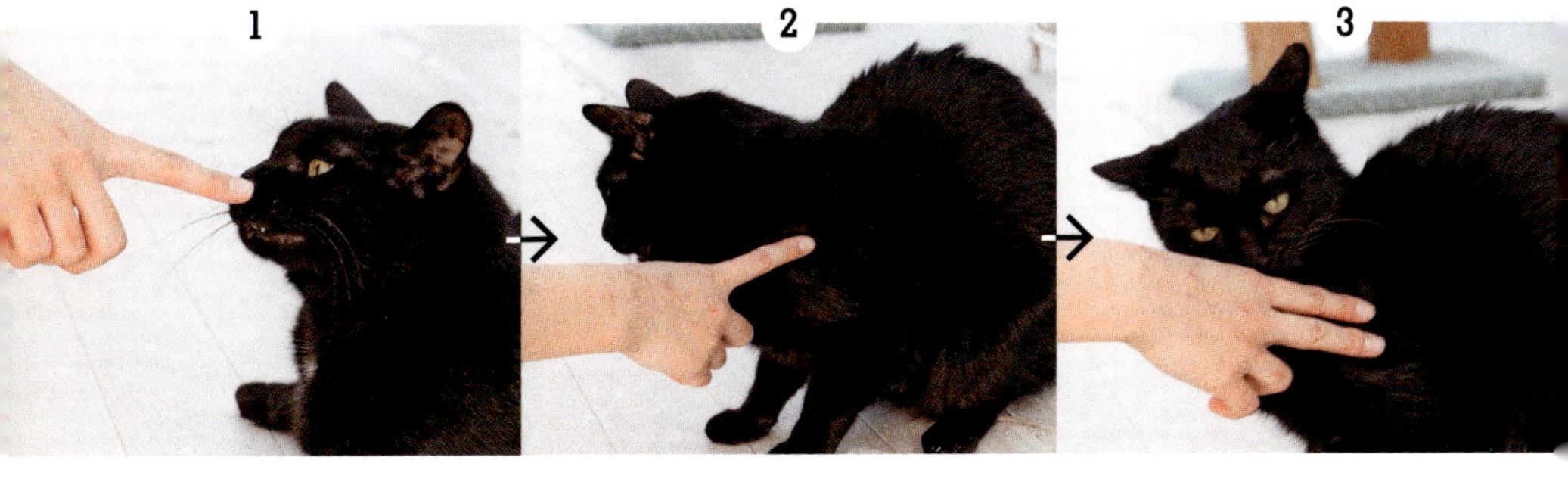

上の「鼻ちょん」を毎日行って慣らします。

猫が鼻ちょんに慣れたら、その指で猫の体をスッと触ります。動きが急だと警戒するので、自然に。頭の上に指を移動するより横や下側のほうが怖がりません。猫が嫌がったら①に戻ります。

②に慣れたら、指を２本に増やして同じことを行います。それもクリアしたら３本、４本……と増やし、最終的に手のひらで触れるようにします。

なかなか人馴れしない猫には孫の手が効く

ケージ飼いを続けているけれどもなかなか警戒心を解かない猫もいるでしょう。人差し指のにおいを嗅がせようとした際、怖がって後ずさりをする程度なら「鼻ちょん」から慣らしていけばOKですが、恐怖のあまり引っかいたり噛みついたりして来る猫は、そもそも触ることが難しいもの。しかしそのまま放っておくだけでは何も進展しないので、ケージの間から棒のようなもので触ることから慣らしていきます。

おすすめは孫の手です。カキカキするのに適した形をしているからです。孫の手をそっと差し出してにおいを嗅がせ、続いて頬やあごの下をカキカキしてやると、うっとりと気持ちよさそうにする猫もいます。孫の手の先にペースト状のおいしいおやつを乗せて舐めさせる方法もおすすめ。普段与えているフードとは別の、特別おいしいおやつを用意しましょう。ペロペロと舐め取ったあとに孫の手でカキカキすれば、「触られる＝いいことが起こる」というイメージもつけられます。

また、あまりひとけのない場所にケージがあると、人間という存在を日に数度しか目にすることができず、馴れるまで時間がかかってしまいます。リビングなど人がいることが多い場所にケージを移して、人がいることが当然の環境に慣れさせましょう。

兄妹のなかで1頭だけ懐かない場合は、その猫だけ兄妹と離してお世話をすると懐く場合がありま す。仲間がいると猫だけで固まってしまいがちです が、ひとりだけにして「人間しか頼る者がいない」状態にすると、人懐こくなることがあるのです。多頭飼いの家で過ごしていたときには懐かなかった猫が、譲渡先で1頭飼いになったら甘えん坊になったという話はよく聞きます。ただし幼い子猫の場合は兄妹が一緒に過ごしたほうがよいので、1頭だけにするのは生後3か月を過ぎてからにしましょう。

人馴れするまではケージ飼いが原則ですが、数か月経っても人への警戒心を解かない場合は、攻撃的な猫でなければ試しにケージから出してお世話してみてもよいでしょう。環境が変われば気持ちも変わるかもしれません。攻撃的な猫はケージ飼いを続けることをおすすめしますが、運動不足にならないよう2〜3段ケージに引っ越すとよいでしょう。

POINT

- 孫の手でカキカキしたりおやつを与えたり
- ケージをリビングに移すのもいい
- 兄妹猫と離すと人懐こくなる猫も

手で触れない猫の慣らし方

触ろうとすると噛みついたり引っかいたりしてくる猫は、
孫の手など棒状のもので触る練習をしましょう。

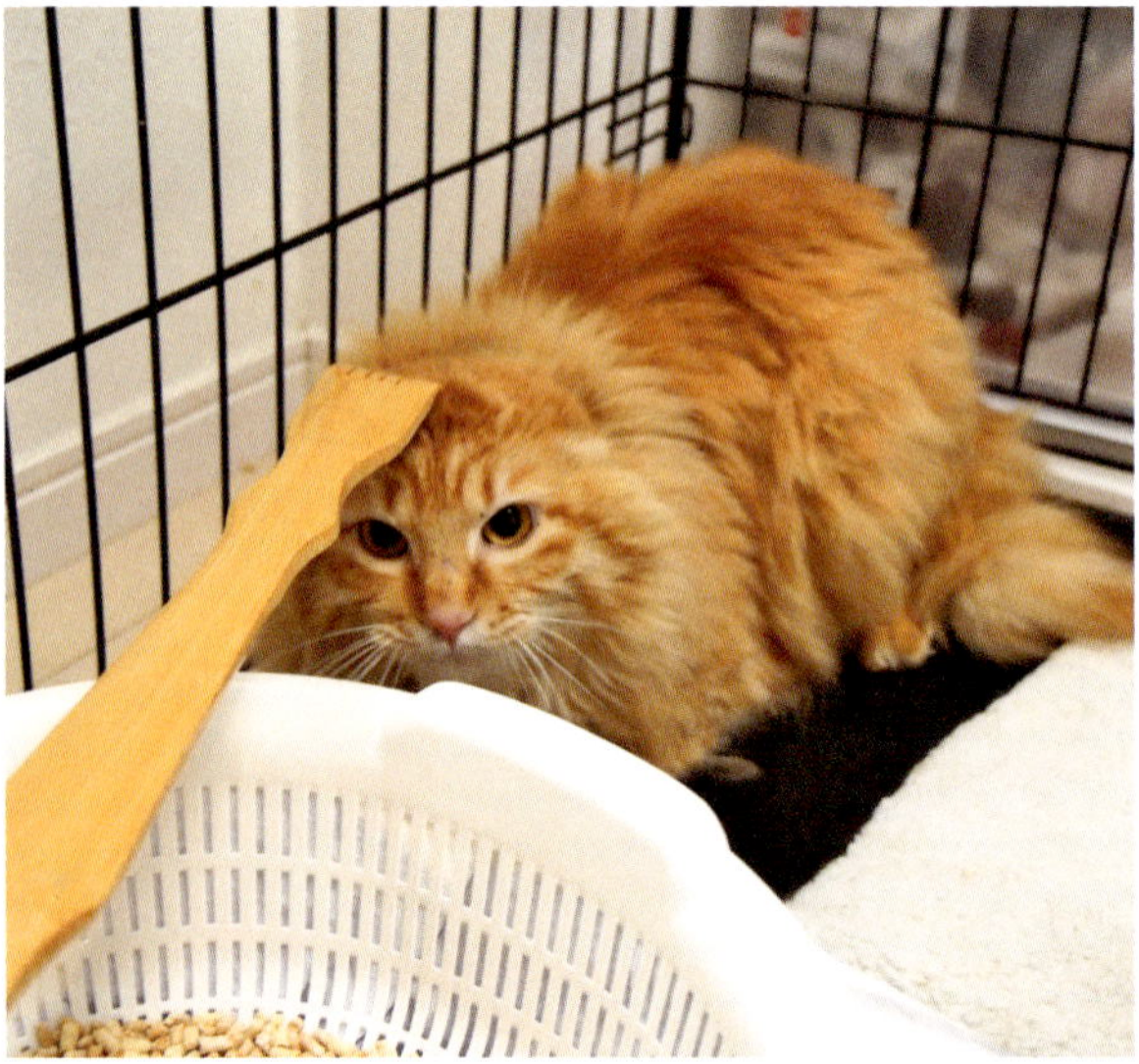

イカク
しちゃうのは
怖いから
なんだ…

ケージの隙間から孫の手を入れてカキカキ

孫の手で顔周りをカキカキしてみたり、孫の手の先にペースト状のおやつを乗せて与えてみたり。根気よく慣らしていきましょう。

神頼みGOODS

マタタビ

ご存じ猫の大好物。酔っぱらったように気持ちよくなって警戒を解くことがあります。ただし興奮して攻撃性が高まる場合もあるので見極めて。

フェリウェイ

猫のフェロモンに近い成分を人工的に作り出したもの。慣れない環境を「よく知った場所」と思わせる効果が期待できます。ケージやベッドにシュッとスプレーします。

ペット用レスキューレメディ

高ストレス時やパニック時に心を落ち着かせる効果があるとされるレスキューレメディ。飲み水やフードに垂らして与えます。

Column

人《じん》獣《じゅう》共《きゅう》通《つう》感《かん》染《せん》症《しょう》の知識をもとう

人と猫の病気は異なり、病原体も異なるため、互いに病気をうつしあうことは基本的にはありません。ですがなかにはまれに共通する病原体があり、これを「人獣共通感染症（ズーノーシス）」といいます。むやみに恐れる必要はありませんが、正しい知識と接し方を覚えておきましょう。

こうした病気が猫から人にうつる経緯は、①寄生虫からうつる、②排泄物からうつる、③唾液からうつる、④噛まれたり引っかかれたりしてうつる、など。①の寄生虫は駆虫をしていれば問題ないですし、②は排泄物をこまめに掃除し、掃除後は必ず手を洗うなどすれば防げます。③は猫とキスしたり、口移しで食べ物をあげるなどの過剰なスキンシップを避けることが大切。④は爪を定期的に切る、遊ばせるときは手ではなく必ずおもちゃを使うなどで防ぎます。噛んだり引っかいたりする猫をお世話する際は、厚手の手袋をつけるなども必要でしょう。

健康なら、こうした病気に感染したとしても免疫が勝つことがほとんど。ですから自身の健康を保つことも大切です。免疫力の低い小さな子どもや高齢者、持病のある人は注意したほうがいいでしょう。ほかに、部屋を清潔に保つ、キッチンや食事場所から離れた場所に猫のトイレを置くなども有効。もし猫に傷つけられて発熱したり腫れたりした場合は早めに病院に行き、症状を悪化させないことも大事です。

人獣共通感染症の例

- ☑ 皮膚糸状菌症《ひふしじょうきんしょう》 →166ページ
- ☑ ノミによる皮膚炎 →169ページ
- ☑ 疥癬《かいせん》 →169ページ
- ☑ 回虫症《かいちゅうしょう》 →170ページ
- ☑ 条虫症《じょうちゅうしょう》 →170ページ

猫が馴れたらいよいよケージから出して部屋へ

ケージ飼いで猫を馴らすことができたら、部屋に出してもいい時期です。積極的に甘えてこなくても、人を怖がらなくなったらケージから出してOK。ただし、いきなり家じゅうを開放するのは性急です。まずはケージを置いてある部屋だけを開放してください。ただしその前に、猫に危険がないように部屋を整える必要があります。誤食の危険のある小物はすべて片付けてください。棚の裏やベッドの下など、猫がもぐり込んでしまいそうな場所で人間の手の届かないところは、タオルや雑誌などを詰めて猫が入れないようにしてください。

準備ができたらケージの扉を開け、猫が自ら出て来るのを待ちます。人間が引っ張り出すようなことはNGです。そんなことをしたら猫は恐怖でいっぱいになってしまいます。ケージという安全ななわばりから出て、新しいなわばりを開拓するのは猫にとって一大事。あくまで猫が、自分の意思で出て来るのが大切なのです。

「ほら、出ておいで！」などと大きな声を出すのも逆効果です。落ち着いた気持ちで静かに待ってください。息を詰めてじっと見ているのではなく、扉を開けたまま読書などほかのことをするのもよいでしょう。なかにはなかなか出て来ない猫もいるかもしれませんが、数時間経っても出て来ないときはあきらめ、一度扉を閉めてまた翌日同じことを行いましょう。猫の警戒心より好奇心が勝ったら、出て来るはずです。

部屋に出て来た猫は、床や壁のにおいを嗅ぎ始めると思います。そうやって新しいエリアのにおいを確認しているのです。ひと通り確認し終わったら、猫にとってそこは新しいなわばり。安心して過ごし始めるでしょう。部屋に出ている間もケージの扉は開けておき、猫が不安になったらいつでも戻れる状態にしておいてください。ケージという「確実に安全ななわばり」を拠点に、少しずつ新しいなわばりを広げていきます。

ほかの部屋を開放するときもメソッドは同じです。すでになわばりとなったひと部屋の扉を開け、いつでも戻れる状態にしておいて、新しい部屋を探索できるようにしておきましょう。部屋での生活にすっかり慣れたら、ケージは片付けてもよいですし、そのまま猫の寝床やトイレ置き場として使用してもかまいません。

ケージを出て部屋での生活が始まると、脱走の危険が高まります。ドアや窓の開閉時に注意するとともに、脱走対策を講じてください。飼い猫は室内飼いが基本です。猫を屋外に自由に出して飼っている人もいますが、屋外は交通事故や感染症の危険がありますし、近隣の家で排泄してしまったりするとご近所トラブルの元にもなります。脱走してしまった猫が家に帰れず、迷子になることもあります。ですから決して屋外に出さないように、脱走対策は万全に整えましょう。

POINT

- **一気に家じゅうを開放せず段階を踏む**
- **猫が自分の意思でケージから出るまで待つ**
- **ケージを卒業したら脱走対策を万全に**

猫の脱走防止策

玄関と窓が二大脱走経路。開閉のたびにひやひやするよりも、
あらかじめ対策を講じておくのが賢明です。

玄関に内ドアをつける

自分で取り付けられる市販品もありますし、フェンスなどを利用してDIYしても。もちろんリフォーム業者に依頼する手もあります。

内側のドアをロックする

猫を玄関まで出さないように室内のドアを閉めておいても、器用に開けてしまう猫もいます。鍵を取り付けるか、猫用ロックで防止します。写真はOPPO猫用ドアロック。ドアノブを下げられないように固定したり、引き戸と壁の間に挟むことで開けられないよう固定します。

窓には
フェンスなどをつける

空気を入れ替えるために窓を開けておきたいときもあるでしょう。開けた部分から出て行ってしまわないよう、窓枠にフェンスなどをつけて脱走防止を。右は突っ張り棚を利用した例。

Column

猫にとって理想の住環境とは

猫は広範囲を走り回る動物ではないので、室内で暮らすにあたっても広い床面積は必要ありません。その代わり必要なのは、上下運動ができる環境です。猫の祖先は樹上を利用して生活していたため、猫は縦方向の運動が大好き。キャットタワーやキャットウォークを設置したり、棚を階段状に置くなどして高いところに上れるようにしてあげましょう。

また、猫はきれい好き。トイレはいつも清潔に保ちましょう。汚れたトイレは排泄のそそうや泌尿器の病気につながります。多頭飼いの場合はトイレの数を増やすことも必要です。

食事場所は衛生面からトイレとは離れた場所に。そばに飲み水も用意してください。乾燥地帯出身で本来あまり水を飲まない猫は、腎臓を悪くしがち。可能なら家のあちこちに水飲み場を作り、猫が気軽に水を飲めるようにしたいものです。

猫が好んでくつろいでいる場所には専用のベッドを用意してあげましょう。市販のものでもよいですし、カゴに毛布を敷いたものなどでもかまいません。猫の頭数分用意してあげましょう。

爪とぎ器も必要です。いろいろな材質や形状のものがあるので、愛猫の好みのものを探しましょう。とぎ心地のよい爪とぎ器があれば、壁や家具で爪とぎすることは少なくなります。

冬は寒さ対策、夏は暑さ対策も必要です。ただ冬は、健康な猫ならば毛布などを用意しておけばその中にもぐり込んで暖をとることができます。問題は夏で、夏はエアコンをつけないとどうにもなりません。外気のほうが涼しければ窓を細く開けておく手もありますが、脱走の危険や防犯面からあまりおすすめできません。夏場はエアコンで室温を28℃以下に保ち、熱中症を防ぎましょう。

万が一、脱走してしまったときの探し方

もし猫が外に脱走してしまったら、すぐに捜索を開始します。たいていの猫は、はずみで外に出てしまったもののどうしていいかわからず、家のすぐそばで固まっていることがほとんど。ですから家のすぐそばから探し始めてください。物置の下や植木の間などでじっとしていることも多いので、狭い隙間もくまなく探しましょう。

家の周囲で見つからなければ、野良猫などに脅かされてしかたなく移動したのかもしれません。やや広い範囲を探す必要があります。飼い主さんだけで探すのは限界があるので、捜索チラシを作りましょう。作り方は111ページの通り。チラシを作ってくれる業者もあるので依頼してもよいでしょう。

チラシは近所の家にポスティングするほか、町の掲示板などに貼らせてもらいましょう。猫が見つかったらはがせるよう、貼った場所は地図にメモしておきます。道行く人にチラシを渡しながら聞き込みしてもよいでしょう。その地域で猫にエサやりしている人がいれば、猫の情報に詳しいので聞いてみましょう。

保護してすぐに脱走してしまった猫の場合、元のなわばりを目指して移動していることがあります。特に元のなわばりが自宅のそばにある場合はその確率が高いです。ですから元のなわばりも探してください。そのそばにチラシを貼らせてもらうのもよい

でしょう。

最近では、迷い猫の情報を掲載できるサイトがあります。愛猫の写真と情報を掲載しておきましょう。こういうときのために日頃から猫の写真を撮っておく必要があります。

迷子になった猫が誰かに保護される場合も考えられます。迷子札を見て連絡が来ればよいですが、迷子札や首輪がないと野良猫と見分けがつきません。保護した人が猫を警察や動物愛護センターに届けた場合、そのまま飼い主がわからないと、数日で殺処分される恐れもあります。

ですから地域の警察や動物愛護センター、保健所などにも愛猫が迷子になったことを届け出ておきましょう。似た猫が現れた場合、連絡してもらえます。猫が移動したことも想定して、自宅の管轄だけでなく近隣の管轄機関にも届け出ておくとよいでしょう。

自分で探す時間が取れない、数日探したけれども見つからないなどの場合、プロのペット探偵に依頼する手もあります。猫の習性をよく理解していて、高性能の双眼鏡や自動撮影カメラなど専用の機材を持っているところがおすすめです。捜索費用は安くないので確かなところを選びたいものです。

捜索中に愛猫を見つけられても、大声を出したりバタバタ駆け寄ったりするのは禁物です。慣れない屋外に出てしまった猫は怯えているので、驚いて逃げてしまうことがあります。胸を落ち着かせて、そっと近寄りましょう。好物のおやつやマタタビなどを持ち歩き、それを与えている間にキャリーケースに入れるとよいでしょう。捜索時はキャリーを持ち歩くのが原則ですが、キャリーを持ち歩いてなければ誰かにお願いして持ってきてもらうか、でなければ洗濯ネットで捕獲するとよいでしょう（14ページ参照）。抱っこして捕獲する方法もありますが、驚いて暴れることも多いので、多少噛みつかれても絶対に逃がさない覚悟でトライしてください。

いる場所はわかったけれど近づくと逃げてしまう猫の場合は、捕獲器を使用するのがいちばん確実です（16ページ参照）。

無事保護できたら、すぐかかりつけの動物病院に行き、健康状態をチェックしてもらってください。最初に保護したときと同じように、寄生虫駆除などの医療ケア（21ページ参照）が必要な場合もあります。

POINT

- **まずは家の周りをくまなく捜索**
- **チラシ、迷い猫サイト、管轄機関を活用**
- **発見したら落ち着いて捕獲し病院へ**

迷い猫捜索チラシの作り方

たくさんの人に注目してもらうために、フルカラーでわかりやすいチラシを作りましょう。

猫の名前などは小さくていい

見つけた人が名前を呼んでも、脱走中の猫が反応することはまれです。それよりも写真を大きく載せましょう。

お礼があったほうが注目される

謝礼があるほうが注目度アップ。ただし「賞金」という書き方は危険。心無い人に絡まれる恐れがあります。

この1文があると違う

「見つかるまで貼らせてください」というお願いになります。猫を発見したあとは必ずはがします。

顔・全身・しっぽがわかる写真を大きく

顔や毛柄はもちろん、しっぽの長さや形も重要な手掛かり。写真1枚で特徴が全部わからなければ複数枚の写真を入れても。首輪の写真もあると◎。

連絡先の電話番号は大きく

メールを使い慣れない人もいるので必ず電話番号を。電話を取れないときのために留守電もつけましょう。

情報サイトも利用しよう

迷い猫の写真や情報を掲載できるサイトが複数あります。脱走させてしまったときは利用しましょう。

ネコジルシ 迷い猫掲示板
https://www.neko-jirushi.com/maigo/

ネコサーチ
http://www.neko-search.com/

ペットのきもち
https://petmaigo.net/

まだ距離がある猫は「おやつ」「遊び」で釣ろう

部屋に放したけれども、まだ人を怖がっていて近づくと逃げる、触ることはできるけれどもちょっとビクビクしている……という猫もいるでしょう。一緒に暮らす分には支障はないものの、もう少し仲良くなりたいというときのテクニックを紹介します。

役に立つのは「おいしいおやつ」と「遊び」です。ポイントは「自分から追わないこと」。猫も人も、追えば逃げ、逃げれば追いたくなるのが心理です。

食いしん坊な猫にはおやつが効果てきめんです。家ではいつも、ポケットにおやつをしのばせておきましょう。そうして猫がそばにいるときに、ひょいと取り出して与えます。与える時間や場所は決めず、「いつもらえるかわからない」状態を作ると、始終あとをついてくるようになる猫もいます。

食にはこだわりがなく、遊びで釣れる猫もいます。そうした猫にはとにかく猫じゃらしで遊んであげてください。遊びに夢中になるうちにいつのまにか人間のそばに近づくようになり、そのくり返しで人間への警戒心は薄れていきます。普段履くスリッパの後ろに長い紐をつけるのもおすすめ。怖がりの猫も、人間を追う形になるので怖くありません。

POINT

- **猫を追うのではなく、猫に追わせよう**
- **ゲリラ的におやつを与えて猫に追わせる**
- **猫じゃらしや紐つきスリッパで追わせる**

猫と距離を縮める方法

まだ距離がある猫にはおやつと遊びで「いい思い」をさせて距離を縮めます。
いずれも効果をすぐに期待せず、気長に続けてください。

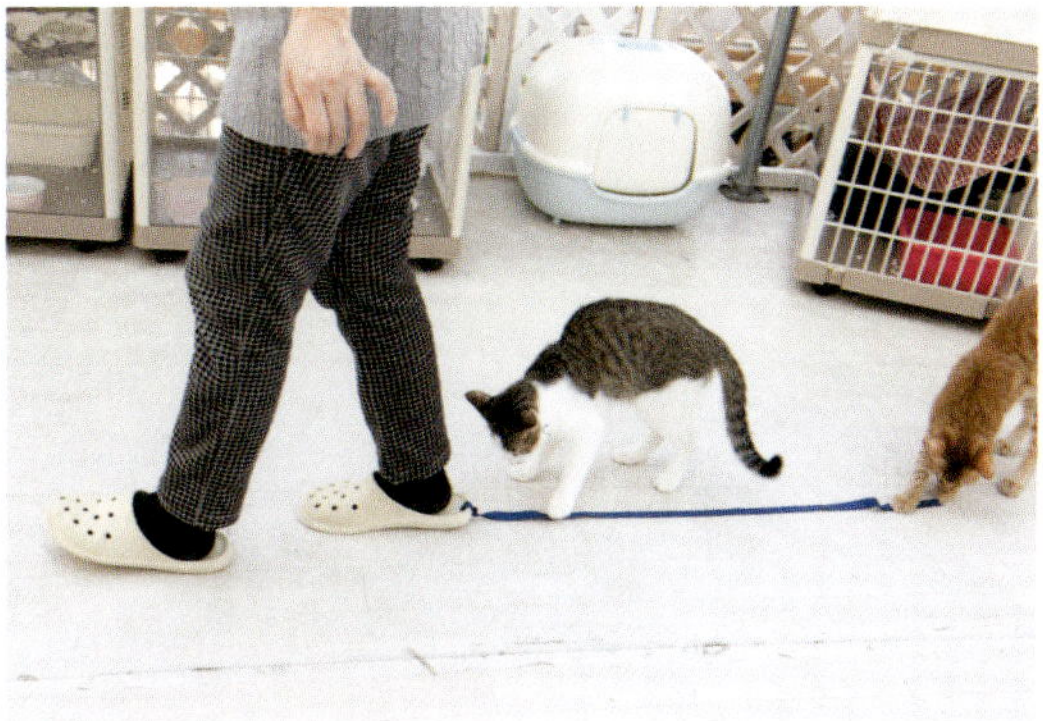

猫じゃらしで遊ぶ

おもちゃを与えて勝手に遊ばせるのではなく、人と猫のコミュニケーションとして遊びましょう。噛み癖をつけないように、手ではなく必ずおもちゃを使って。

紐つきスリッパで歩く

猫が紐を追いかけることで自然に人の近くにやってきます。人間から猫に向かうのではなく、猫が人間を追う形になるのがポイントです。

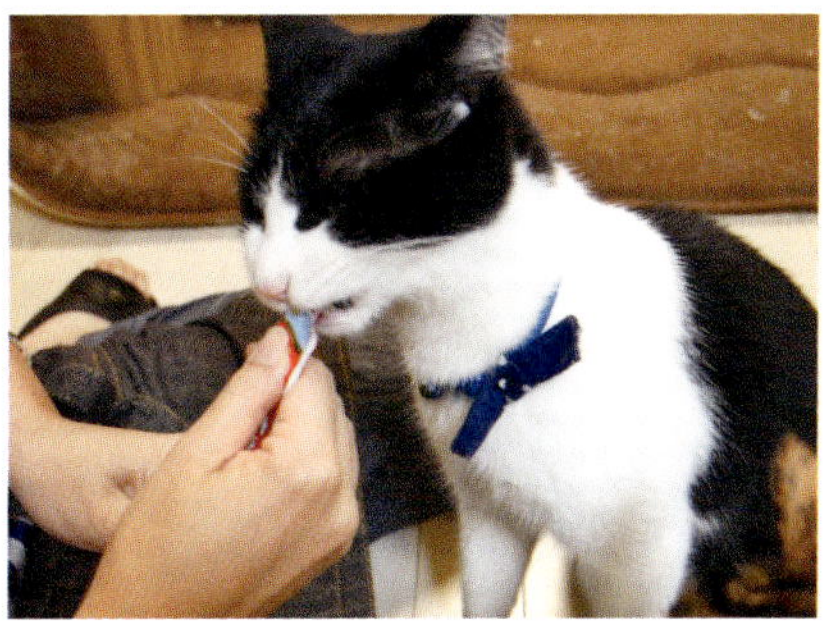

おやつで懐柔

主食のフードとは異なる特別なおやつを手から与えます。猫に大人気の「ちゃおちゅ～る」もおすすめ。

体のお手入れは体に触られることに慣れてから

ブラッシングや爪切り、歯磨きなどの体のお手入れは、猫の健康を守るための有効手段です。しかし、これらは何が何でも行わなければならないものではなく、嫌がる猫を無理やり押さえつけて行うのは逆効果。まずは人に触られることに慣らしましょう。98ページの要領で慣らしていってください。それまでは体のお手入れは保留してかまいません。

お手入れに慣らす最大のコツは、いっぺんにすべてを終わらせようとしないこと。猫は長時間体を拘束されるのを嫌うので、爪切りなら1本ずつ、ブラッシングなら一部ずつという感じで行います。いちいち抱っこしなくても、爪切りなら足先だけ持てばできますし、猫が普通に座った姿勢のままでブラッシングもできます。さっと始めてすぐ終わるのがコツです。また、飼い主さんが「今日は絶対に爪切りするぞ！」などと意気込むとその気迫が猫に伝わってしまいますから、テレビでも観ながらついでにやる、くらいの気軽さで臨んでください。すぐ手に取れる場所に道具を置いておくのもコツです。

お手入れ後においしいおやつをあげて、お手入れによいイメージをつけるのも有効です。

POINT

- **嫌がるのを無理にお手入れする必要はない**
- **さっと始めてすぐ終わらせるのがコツ**
- **おやつを有効活用しよう**

爪切りのしかた

爪切りは飼い主さんや同居猫を傷つけないためのお手入れ。
はじめは1本ずつ切って、手早く済ますのが慣らすコツです。

爪切りの3STEP

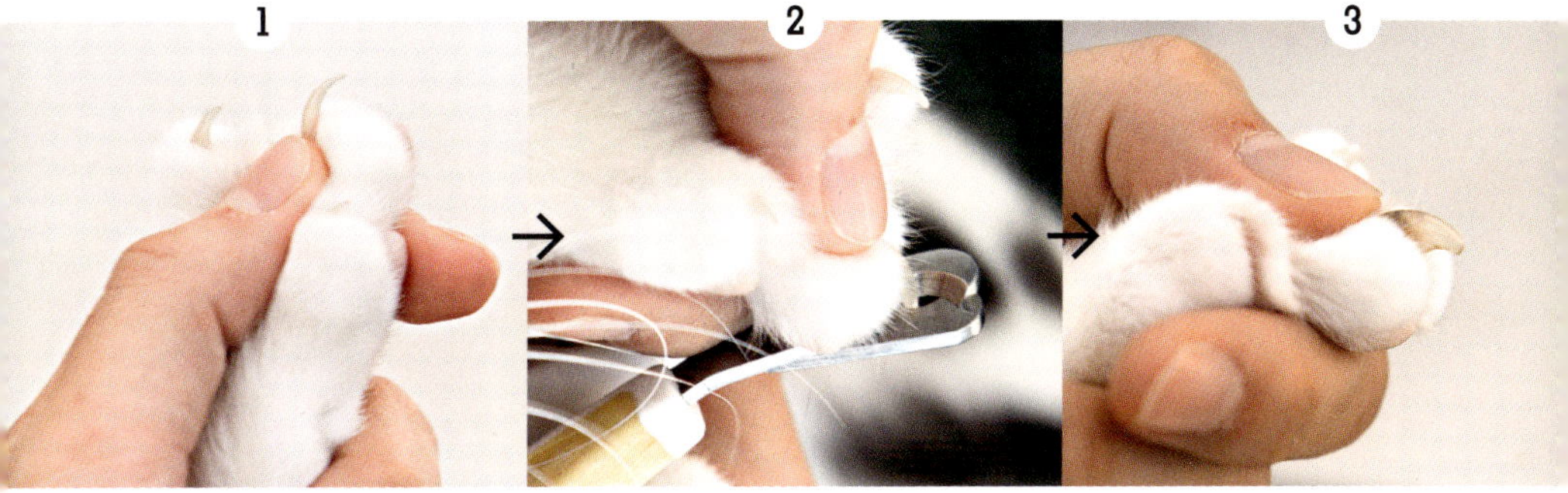

1 肉球を持って押すとニュッと爪が出て来ます。まずはこの、肉球に触られることに慣らすことから始めて。

2 爪の先の尖った部分だけを切ります。根元のピンクに透けている部分は血管が通っているので切らないようにします。

3 切ったあとはこんな感じ。ちなみに爪切りをしたら爪とぎしなくなるわけではありません。

人用の爪切りの場合

人用の爪切りでも爪を切ることはできます。その場合、猫の爪を左右から挟むのがコツ。上下から挟むと爪が割れることがあります。

ブラッシングのしかた

皮膚のマッサージにもなるブラッシング。慣れるまでは
濡れた手で毛を梳かすだけでも抜け毛を取り除くことができます。

短毛種の場合

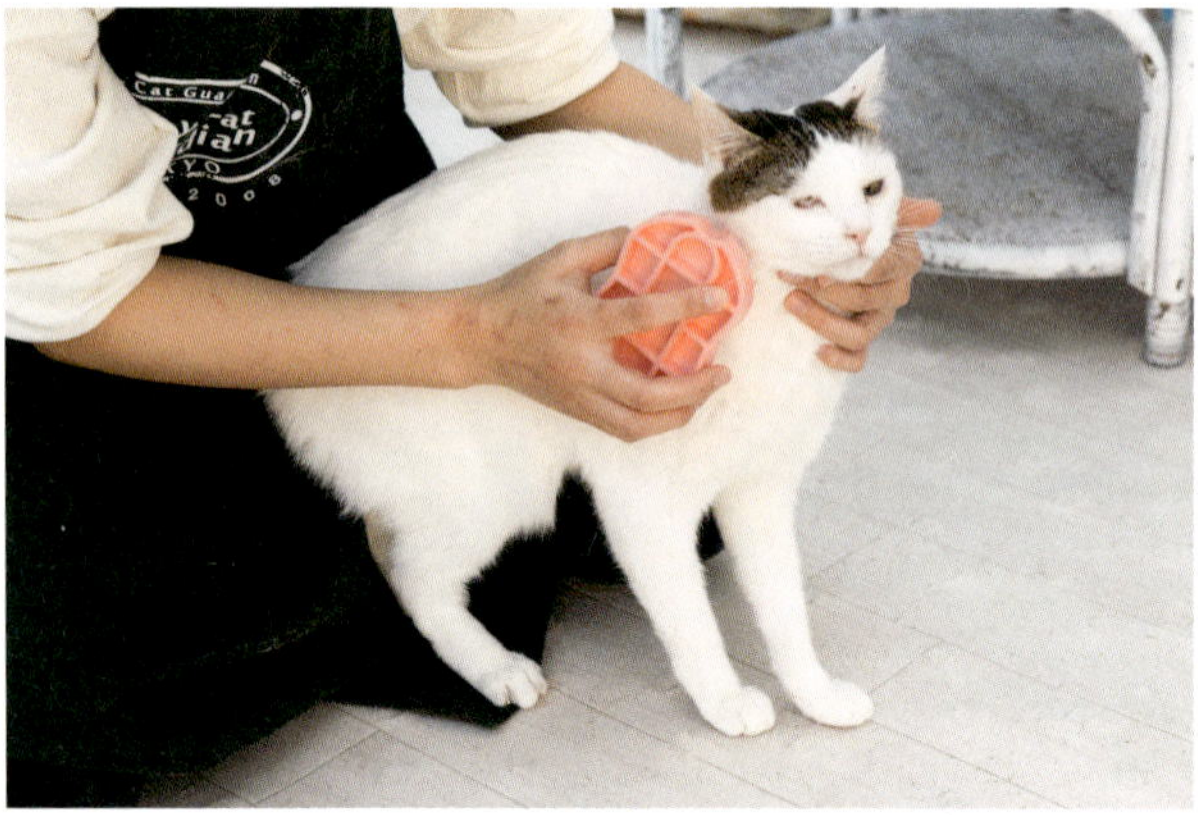

抜け毛を絡めとるラバーブラシや豚毛ブラシを使います。気持ちのいい顔周りから始めて全身をブラッシングします。

ラバーブラシ

長毛種の場合

1

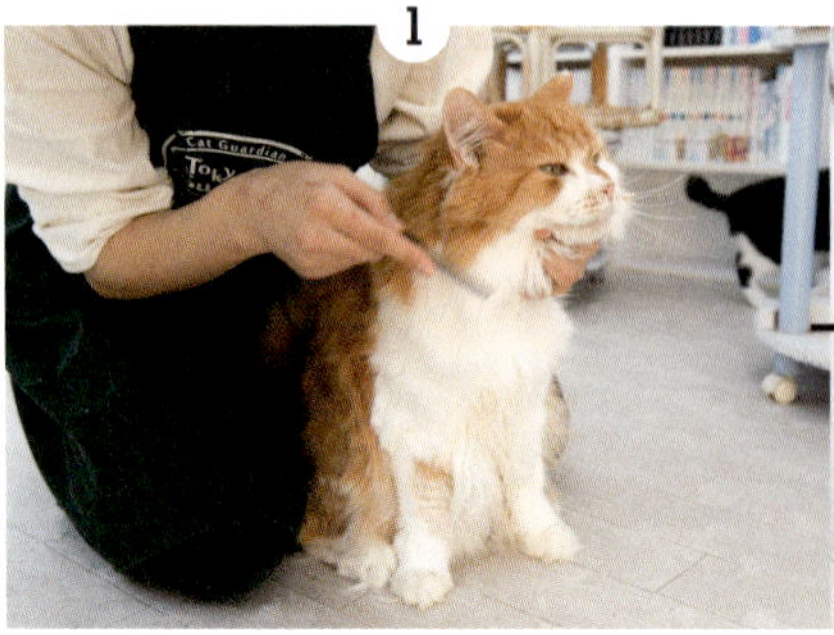

2

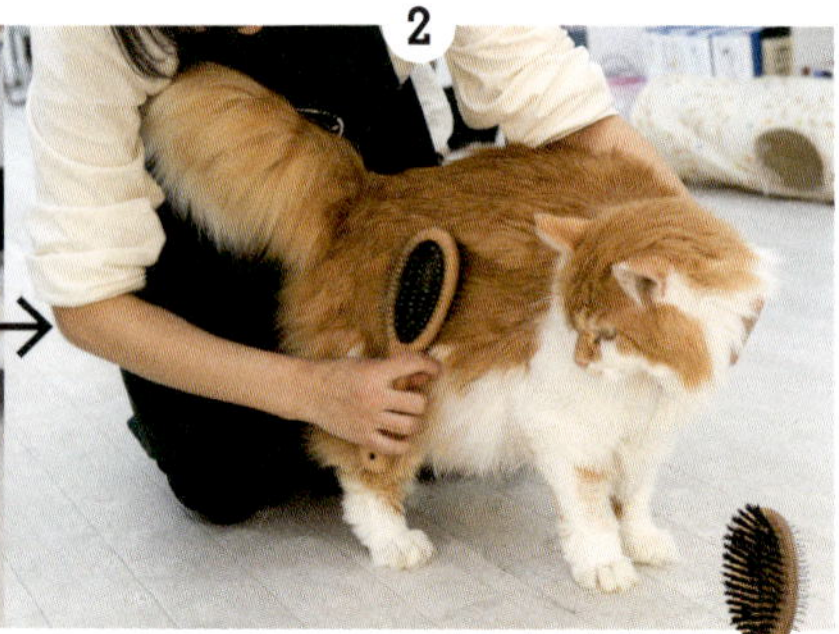

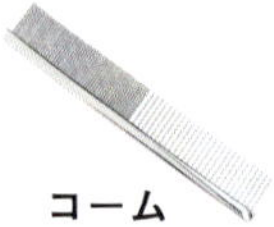

コーム

まずはコームで、毛玉になっている部分やなりやすい脇の下などを梳かします。

毛玉がほぐれたら豚毛ブラシやピンブラシで全身を梳かします。長毛種は毛玉ができないよう頻繁にブラッシングしてあげましょう。

豚毛
ブラシ

歯磨きのしかた

歯周病や口臭を防ぐための歯磨きは、ぜひ行いたいボディケア。
少しずつでいいので慣らしていきましょう。

歯磨きに慣らす3STEP

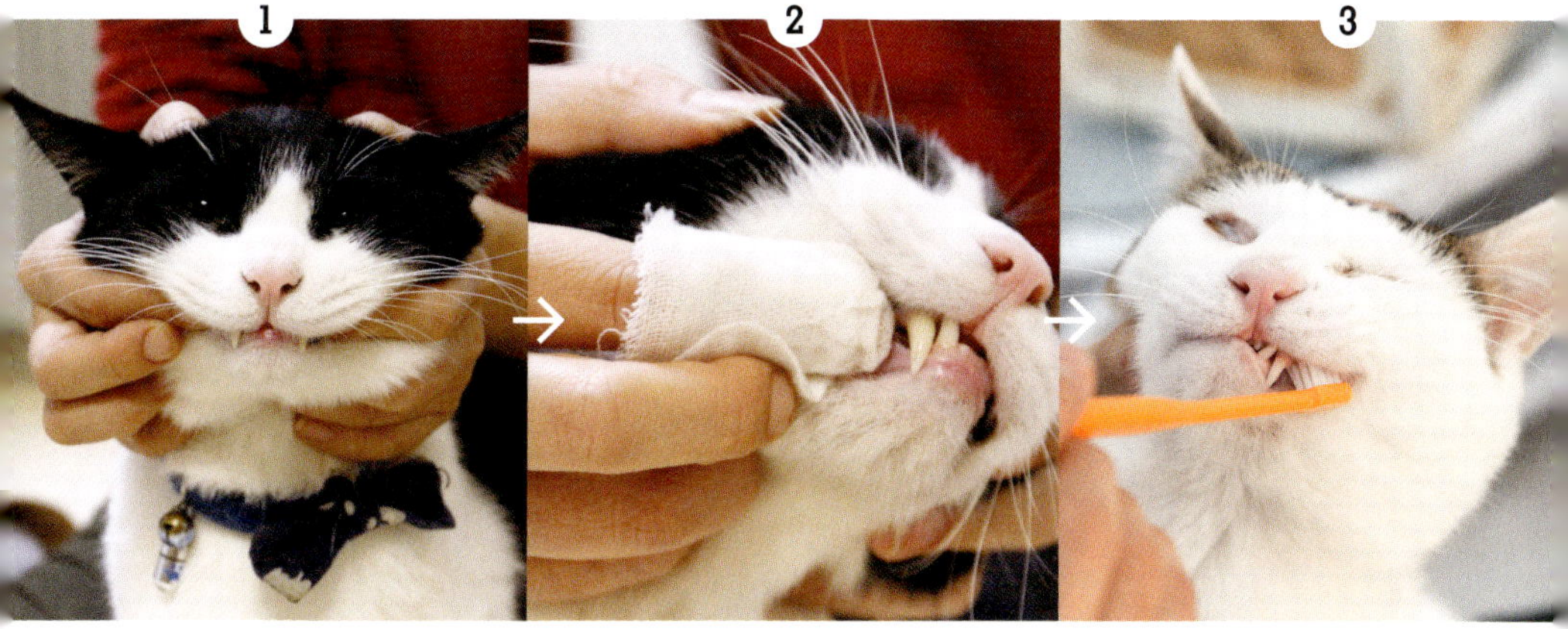

まずは指で歯や歯茎を触ることから慣らします。口を大きく開ける必要はありません。おやつをあげてよいイメージをつけて。

①に慣れたら、濡らしたガーゼで歯をこすって歯磨き。猫用歯磨きペーストをガーゼにつけると効果UP。長時間やるより、短くていいので頻繁に。

歯ブラシで歯をこするのが最終目標。やはり歯磨きペーストをつけます。歯垢がつきやすい奥歯や犬歯を中心に磨きます。

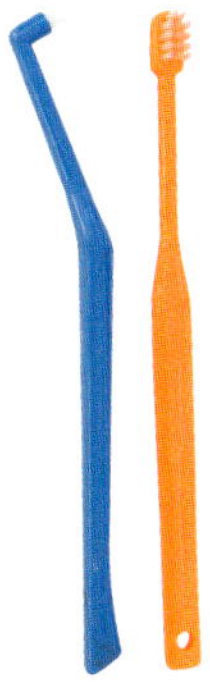

赤ちゃん用歯ブラシや歯間ブラシでもOK

猫用歯ブラシも市販されていますが、人間の赤ちゃん用歯ブラシや歯間ブラシでも代用できます。

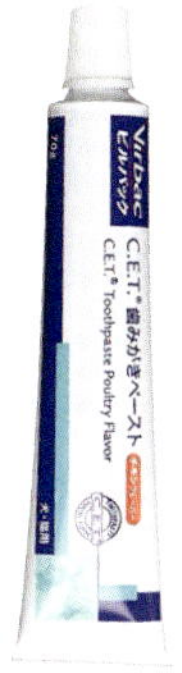

歯磨きペーストを塗るだけでも効果あり

歯磨きペーストの多くには酵素の力で歯垢を分解するなどの効果があります。ですからペーストを指で歯に塗るだけでも、やるのとやらないのとでは大きな違いがあります。

迷子対策のために首輪にも慣らしたい

首輪や迷子札は、万が一外に出てしまったときの命綱です。ですから必ずつけておくことをおすすめします。マイクロチップを入れていても、パッと見で飼い猫とわかる首輪もあったほうが安心です。

首輪に慣れていないと最初は嫌がって外そうとするかもしれませんが、たいていの場合1日で慣れます。外そうとして猿ぐつわ状態になっている猫を見て、かわいそうに思いあきらめる人がいますが、それは首輪が緩すぎるのです。サイズを調整してください。首輪をしたときに人の指が1～2本入る大きさが適切です。

どこかに引っ掛かったときに、猫の安全のために力がかかるとバックルが外れるセーフティー首輪というものがあります。これは猫が外そうとして前足を掛けると簡単に外れてしまうので、慣れるまではバックル部分を紐で結ぶなどして外れないようにしてください。一度慣れてしまえば、紐がなくても外そうとすることは少ないでしょう。

子猫の場合、最初は軽い首輪から始めるとよいでしょう。細めのマジックテープを首に巻いて慣らすのもおすすめです。

POINT

- **首輪や迷子札はいざというときの命綱**
- **最初は嫌がるが1日で慣れる**
- **子猫はマジックテープから慣らしても**

はじめの首輪は軽いものを

マジックテープを巻いて慣らしても

電気コードなどをまとめるマジックテープのバンドなら軽くて子猫にも負担になりません。毛に絡まる心配もなく、おすすめです。慣れたらちゃんとした首輪に交換します。

迷子札は命綱

迷子札はコンパクトなものを

大きすぎる迷子札は食事や毛づくろいのときに邪魔になります。コンパクトなものを選びましょう。電話番号を書いた布を首輪に直接縫いつけてもよいでしょう。

先住猫とはしばし部屋を分け、段階的に慣らす

すでに飼い猫がいる家に保護した野良猫を入れる場合、保護猫は先住猫とは別の部屋でしばらくお世話をしてください。保護猫から先住猫に病気や寄生虫がうつるのを防ぐためです。

内部寄生虫が完全に駆除できるまでは最短でも2週間かかりますし、元気そうに見えても感染症にかかっていて、数週間の潜伏期間をおいて発症する恐れもあります。これらを考慮すると、少なくとも1か月ほどは先住猫とは別の部屋でお世話したほうがよいでしょう。また、免疫力の低い子猫を保護した場合、先住猫から猫風邪などをもらってしまうことがあるため対面までにワクチン接種も済ませておきたいもの。接種から抗体ができるまでは最長2週間かかり、この期間も離しておく必要があります。

ワンルームなどで別の部屋がない場合は同じ部屋に入れますが、保護猫はケージに入れ、周りを段ボールで覆うなどして先住猫と直接接触できないようにします。空気感染する病気もあるので完璧ではありませんが、できるだけの対策はしたいもの。もしくは、保護猫はしばらく入院させてもよいでしょう。

部屋を分けていても、飼い主さんがウイルスや菌を運んでしまうことがあります。保護猫をお世話する際は使い捨て手袋を使用するか、その都度手をよく洗い消毒しましょう。エプロンや割烹着をつけて世話をしその都度洗濯するのも有効です。食器やト

イレ用スコップの共有も避けてください。はじめのうちの感染症対策は過敏なくらい気を遣ったほうがいいでしょう。

里親募集で譲り受けた猫などで感染症の危険がないとわかっている場合でも、しばらくは先住猫とは別の部屋で飼ったほうが無難です。いきなりのご対面は双方にとってショックが大きすぎますし、保護猫にとっては新しい環境に慣れるほうが先決です。たとえ別々の部屋にいても、物音やにおいで猫どうしは互いの存在に薄々気づくもの。緩やかに別の猫の存在を知る期間を設けたほうがよいでしょう。

保護猫が新しい環境に慣れたら、先住猫と〝においだけ〟の対面をさせてみます。先住猫のにおいのついたタオルを保護猫のベッドに、保護猫のにおいのついたタオルを先住猫のベッドに入れてみるのです。それぞれ、見知らぬにおいを熱心に嗅ぐことと

思います。この〝においだけ〟の対面はあなどれない効果があります。実際に会ったときに「あれっ、このにおい知ってる」となり、相手を受け入れやすくなるのです。

実際に対面させるときは、保護猫をケージかキャリーに入れた状態で、格子越しに先住猫と対面させます。両方フリーにして対面させるとケンカになって傷つけ合う恐れがあるので、必ず格子越しに対面させてください。このとき、「ほらほら、お友達よ」などといって猫どうしを無理に近づけるのはやめましょう。見知らぬ猫の存在は恐怖ですから、飼い主さんにまで嫌なイメージがついてしまいます。あくまで猫の意思を尊重してください。例えば先住猫が保護猫を見たとたんに逃げてしまったら、その日はそれで終了。翌日再トライしてください。いずれ好奇心が勝って、相手に近づくはずです。

ケージ越しににおいを嗅ぎ合ったり、前足を出して相手にちょっかいを出すようなしぐさが見られれば、相手に対して友好的な気持ちをもった証拠。保護猫をケージから出し、いざというときは動きを制御できるように抱きかかえながら、先住猫と対面させてみましょう。

POINT

- **病気の感染を防ぐため1か月は隔離**
- **対面前に〝においだけ〟対面させる**
- **最初は必ず格子越しに対面**

先住猫との対面のさせ方

先住猫にとって、新しい猫の登場は脅威です。
ショックをなるべく小さくするため、細心の注意を払いましょう。

成功する対面方法

1 保護猫はケージやキャリー内に入れた状態で、先住猫を保護猫のいる部屋に入れます。お互いににおいを嗅ぎ合うなど、友好的なしぐさが見られたら次のステップへ。

2 食事は猫にとって楽しいイベント。猫どうしをそばで食事させて楽しいイベントを共有させると、猫間の距離は縮まります。

3 保護猫をケージから出してご対面。猫どうしでは、優位の猫が相手のおしりのにおいを先に嗅ぎます。先住猫をたてるため、保護猫を抱きかかえておしりのにおいを嗅がせるのもよい方法です。

NG 成猫は去勢・不妊手術が済むまでは対面させない

去勢・不妊手術が済んでいない猫はなわばり意識が強く、ほかの猫に対して攻撃的になりがちです。成猫はもちろん、1歳未満でもある程度体の大きい子猫であれば、手術を済ませてから対面させたほうが安心です。 →156ページ

先住猫の衝撃や不安を理解しよう

先住猫にとっては、新しい猫の登場は多かれ少なかれ衝撃です。ですから前ページのように段階を踏んで少しずつ相手の存在に慣らす必要があるのです。

特に先住猫が高齢の場合や、ほかの猫と暮らしたことのない猫の場合はことのほか衝撃が大きいものです。若い猫は精神的にも柔軟ですから相手を受け入れやすいですし、すでに2頭以上の多頭飼いの場合、「自分のほかに猫がいる」環境には慣れていますから、衝撃はやや緩和されます。また基本的に子猫はライバル視されませんから、新入りが子猫の場合はスムーズに受け入れられることが多いでしょう。先住が子猫の場合も然りです。

先住猫は新しい猫の登場に単純に脅威を感じるほかに、「もしかしてコイツがオレのこの家での立場を危うくするのでは」という不安もあります。飼い主さんはその不安を払拭し、安心させてあげねばなりません。新しく猫を迎えたときは、つい新入り猫ばかりをかまってしまいがちですが、先住猫をいままで以上にかわいがるよう意識してください。ごはんやおやつも、おもちゃで遊ぶのも先住猫が優先です。

多頭飼いするなら、猫どうしが仲良く寄り添って寝ているような光景を見たいと思いますが、それはあくまで飼い主側の欲。ベッタリの仲良しになれなくても、お互い干渉せずに暮らしているならそれでヨシとしてください。仲が悪いとしても、たまに小競り合いする程度なら問題ありません。

ただし、会うたびに血を見るようなケンカをする間柄なら、対策を考えねばなりません。そんなケースはまれですが、もしそうなった場合は猫の問題行動を専門とするクリニックに相談してみたり、別々の部屋で飼う、責任をもって飼ってくれる里親さんを探すなどの対策が必要でしょう。

そんなことにならないように、なるべく先住猫と相性のよい猫を迎えたいものですが、猫の相性というのは実際に会わせてみないとわからないもの。猫にもいろいろおり、たいていの猫には友好的なのになぜか特定の猫にだけ敵対心を燃やす子もいますし、人は苦手だけど猫は大好きという猫、逆に人懐こいのにほかの猫は嫌いという猫も。これはかりは会わせてみないとわからないのです。

よくオスどうしの多頭飼いはケンカになりやすいから避けたほうがいいといわれますが、去勢手術済のオスどうしはいつまでも子どものように仲がいい場合も多く、NGの組み合わせとはいえません。

POINT

- **ごはんも遊びも先住猫優先に**
- **仲良しになれなくてもヨシとする**
- **猫の相性は会わせてみないとわからない**

東京キャットガーディアン代表
山本葉子の保護猫エピソード③

まぼろし猫だったココ

いつも姿を隠して存在をなかなか確認できない猫を通称「まぼろし猫」といいますが、白黒ハチワレのココちゃんはそれでした。わが家に来て以来、冷蔵庫の上から下りてこないのです。食事もしかたなく冷蔵庫の上に置いていました。トイレは私のいないときに下りてしているようです。そんな状態が半年以上続きました。

あるとき、猫のトイレ掃除をしていると、私の右側にココがいるではないですか。興奮しましたが、何食わぬ顔で掃除を続けました。もちろんココのほうは見ません。動くと逃げるだろうなと思ったので、掃除が終わってもスコップでしばらく砂をかいていました。次の日、やはりトイレ掃除のときにココが右側に。そしてその次の日も。私は作戦を立てました。右手に持っているスコップを左手に持ち替え、右手をフリーにしたのです。そうして、毎日右手を置く位置を、少しずつ右側に移動させたのです。ココがそばに来てから手を動かすと警戒されてしまいますから、右手のポジションは最初に決めておきます。右手が毎日少しずつココに近づいて、手のいちばん外側をちょん、とココの体に触れさせたのは、作戦を立ててからどれくらいだったでしょうか。それから毎日ちょん、を続け、次にちょんから手を少し動かしてスッと触り……。やがてココは、ものすごい「かまって猫」になっていました。

それにしてもなぜ、トイレ掃除のときにやって来たのか。もしかしたら、私の両手がふさがっていて、すぐには何もされないと考えたからではないか。掃除のときは右手にスコップ、左手にビニール袋を持っています。それをココは冷蔵庫の上から見て考えていたのでしょうか。そう考えるとなんだかおかしくなります。

4　知る

野良猫問題は何が問題なのか

この本を手にとったあなたは、もちろん猫好きの方でしょう。なかには、野外にいる野良猫を見るのが好きな方や、「野良猫、自由そうでいいじゃない。なぜ減らさないといけないの？」と考えている方もいるだろうと思います。

なぜ、野良猫を減らさないといけないか……それを考えるにはまず、猫の歴史を振り返るところから始めましょう。猫の祖先はアフリカなどに暮らすリビアヤマネコという野生種です。それを数千年前、古代エジプト人が家畜化してイエネコ（いわゆる猫）という新しい種を作り出しました（※）。その後世界各国に広まり、日本には奈良時代に、仏教伝来とともに中国からもたらされたといわれます。

つまり猫は、野生動物ではありません。人間の手で作り出され、数千年の歴史を人間とともに暮らしてきた伴侶動物です。ですから本来、飼い主がいない野良猫という生き方は猫にとって自然な生き方とはいえないのです。人間は野良猫を見て「束縛されない自由な生き方」を想像したりもしますが、猫という動物は実は保守的で、食糧と安全な寝床のある狭いなわばり内で日々同じルーチンをくり返すことを是《ぜ》とします。「自由」や「冒険」は、猫の望むところではないのです。

現在、日本には野良猫があふれています。野良猫が増えたのは、人々が放し飼いにしていたからです。

※家畜化の時期や場所については諸説あり。

昔は去勢・不妊手術もあまり行われていませんでしたから、放し飼いの猫が子を宿して帰って来たり、野良猫どうしが交尾して増えてしまいました。野良猫が増えたことで野良猫の害をこうむる人も増え、野良猫問題は地域における環境問題として注目されるようになりました。自宅周りに糞尿をされたり自家用車を傷つけられたりしたら、野良猫を迷惑に思う人がいてもしかたのないこと。そうして日本ではいま、年間数万頭の猫が保健所に持ち込まれ殺処分されています。これが私たちの社会の現実です。

そこで、野外で暮らす野良猫を減らそうと全国で行われているのが「保護猫活動」であり、「地域猫活動」です。野良猫を保護し里親さんを探すのが保護猫活動、野良猫を捕まえて去勢・不妊手術をし、地域猫として野外でお世話をするのが地域猫活動です。野良猫を拾って飼うこと、保護猫の里親になることは、こうした活動の一環ともいえます。野良猫を飼い始めるには寄生虫駆除など面倒な部分もありますが、身寄りのない猫を幸せにし、社会問題の解決に貢献するという意味もあるのです。

猫という動物を作り出したのも人なら、放し飼いにして増やしたのも人。原罪という考え方は重たすぎるかもしれませんが、野良猫がここまで増えたのは人間に責任があるといわざるをえないでしょう。

猫の幸せのためにも人が猫をきちんと管理する必要があり、そのためには野良猫を減らし、いずれゼロにするのが理想です。猫を飼う場合の室内飼いや去勢・不妊手術の重要性も、これでわかっていただけたかと思います。

POINT

- **猫は野生動物ではなく伴侶動物**
- **野良猫が増えすぎて環境問題化した**
- **野良猫を減らすことは猫を幸せにすること**

猫にとっての幸せって何だろう

「幸せ」という言葉は定義が曖昧ですね。人によって幸せの尺度が異なるように、猫によっても幸せの尺度は異なるはずです。「本当にこの猫は幸せだろうか」と考え始めるとわからなくなりますし、答えは出ません。ですからここではわかりやすい尺度として、「アニマルウェルフェア」という考え方を紹介したいと思います。

アニマルウェルフェアという概念は1960年代にイギリスで誕生しました。人間の管理下で生きるすべての動物に苦痛のない生活を与えようという考えで、「5つの自由」という指標があります。

ひとつめの指標は、「飢えや渇きからの自由」。食事と飲み水が足りていること、適切な栄養を摂れていることがこれに当たります。

2つめは「恐怖や抑圧からの自由」。ストレスなく平穏に暮らせることを指します。

3つめは「不快からの自由」。温度や湿度などを含め、快適な環境で過ごせることです。

4つめは「痛み、負傷、病気からの自由」。怪我や病気をしにくい環境で暮らせること、そして必要ならば適切な治療を受けられることです。

そして5つめは「自然な行動をする自由」。その動物本来の自然な行動が行えることです。猫ならば毛づくろいできるように服は着せないとか、砂の上で排泄するなどがこれに当たるでしょう。

この5つを満たしていれば、ひとまずその猫は苦痛なく暮らしているといえます。飼い猫の幸せを考えるときは、この5つの自由を指標にしてください。

野良猫の暮らしを考えるときも、この指標は役立ちます。例えば野外では感染症や交通事故のリスクは避けられませんから、「痛み、負傷、病気からの自由」はあまりあるとはいえません。しかし地域猫として毎日食事をもらえたり、寒い時期は小屋に入って過ごせるなどの環境は、野良猫としてはＱＯＬが高いといえるでしょう。現在の日本では野良猫の数が多すぎて、全員を飼い猫にすることは残念ながら不可能です。しかし、野外で暮らす野良猫にもなるべく苦痛のない生活をしてほしいと願います。

POINT

- **アニマルウェルフェアという概念を知ろう**
- **「5つの自由」を満たす飼い方を**
- **野良猫にもなるべく苦痛のない生活を**

猫は小さな犬ではない

アニマルウェルフェア（130ページ参照）のなかの「自然な行動をする自由」を満たすには、猫がどんな動物でどんな本能や習性をもっているかを知っておく必要があるでしょう。

犬猫は二大人気ペットですが、その習性は大きく異なります。犬は群れで暮らし、リーダーに従うという習性をもっています。群れでいるのが当たり前ですからひとりぼっちが苦手で、飼い主さんが長時間不在にすると分離不安という心の病気になってしまうことも多い動物です。飼い主さんをリーダーと見なすため命令に従うことに抵抗はありません。犬が芸を覚えるのが得意なのはそのためです。

一方、猫は野生ではたったひとりで暮らす動物。ですから家での留守番も平気ですし、逆にかまわれすぎると嫌がります。自分が甘えたいときだけ甘えたいのが猫。人間からすれば身勝手に見えますが、それが猫にとっては自然な行動なのです。気ままに行動する猫に、人間にはない魅力を感じて楽しむのが猫を飼う醍醐味といえるかもしれません。

ひとりで暮らす動物ですから誰かの命令をきく習性はありません。ですから犬のようなしつけは不可能。やってほしくないことがあったら、やらないようにしつけるのではなく、〝物理的にやれない環境〟を整える必要があります。触られたくないものを出しっぱなしにしていてイタズラされてしまったら「出しっぱなしにしていた自分が悪い」のです。

また、犬は広い範囲を駆け回る動物なのに対し、猫は必要最小限のなわばりを守り、そこを毎日パトロールして異変がないかチェックするという習性をもっています。猫にとっては、普段と同じ生活を同じなわばりで過ごせる変化のない日々がいちばん快適。なわばり外に連れ出されるのは恐怖でしかないので、散歩や旅行は必要ありません。「毎日退屈だろうから」という気遣いで旅行に連れて行かれるのはありがた迷惑でしかありません。

集団で長距離を走りながら狩りをする犬とは違い、猫は単独で狩りをします。そのスタイルは短期決戦型で、ものかげに隠れて獲物が近づいたところに一気に飛びかかり、獲物をしとめます。このように一瞬にすべてを賭けるタイプの狩りを行う猫は、狩り以外の時間を基本的に寝て過ごすことで体力を温存します。猫という名前の由来は「寝る子」だという説もあるほど、猫はよく寝る動物。1日に14時間ほど眠り、夜行性なので昼間はほとんど寝ているといっても過言ではありません。

そう言うと「じゃあ猫は夜中じゅう起きているの？」と思われる方がときどきいますが、そうではありません。正確には夜行性ではなく薄明薄暮《はくめいはくぼ》性といって、野生では早朝と夕暮れに最も活発になる動物です。飼い猫の場合、これが飼い主の生活に合わせて多少ずれます。飼い猫の多くは朝と、夕方から夜にかけて活発になる子が多いでしょう。ですから昼間勤めに出ている人でも一緒に暮らしやすいペットといえます。

POINT

- **犬は群れで暮らすが猫は単独で生きる動物**
- **過干渉もしつけも散歩も不要**
- **薄明薄暮性で一緒に暮らしやすい**

猫の体の特徴

人間より優れた感覚や身体能力をもつ猫。
世界の感じ方が人とは違うことを知っておくのは大切なことです。

ヒゲ

ヒゲは触れたものをたちまち感じ取るセンサー。実は口元だけでなく全身に同じような触毛（感覚毛）が1〜4㎠に1本の割合で生えています。

耳

猫の五感で最も優れているのが聴覚。微かな音も聴き逃さない地獄耳です。また、人の耳では聴き取れない2〜6万ヘルツの高周波（超音波）を聴き取ることもできます。猫が何もない壁などをじっと見つめるのは、壁の向こうの微かな物音を聴いているのだといわれます。

目

暗闇でものを見る力に優れており、人が何も見えない暗闇でも猫は平気で活動できます。動体視力にも優れ、獲物の動きをすばやくキャッチ。その一方、色はほとんど見分けられず、ものの形の細かい違いを見分けるのも不得意です。

鼻

犬ほどではないものの、人よりも嗅覚は優れています。特に肉（タンパク質）のにおいには敏感。起きているときの鼻の頭は湿っていて、におい分子をキャッチしやすくなっています。

口・舌

味覚はあまり優れておらず、食べ物は味よりにおいで判断します。獲物の肉を削ぎ取るためのザラザラの舌は、毛づくろいのときクシ代わりになります。

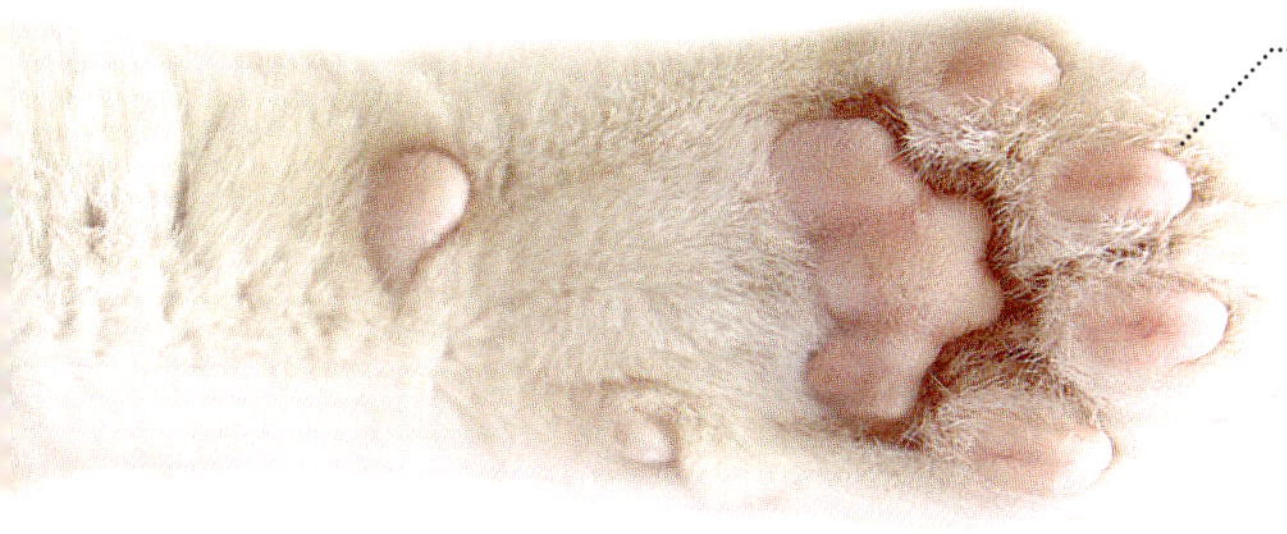

肉球

音を立てずに歩けるのは柔らかい肉球のおかげ。また、猫の体のなかで唯一汗をかくのが肉球で、焦ったときやストレスを感じたときは肉球がしっとりと濡れます。

被毛

鼻の頭と肉球以外は被毛で覆われています。春と秋は換毛期で、たくさんの毛が抜けます。猫によって毛色や柄はさまざまです。

しっぽ

体のバランスをとる、ボディランゲージに使うなどの役割があります。長いしっぽ、短いしっぽ、カギしっぽと、猫はしっぽの形も個性豊かです。

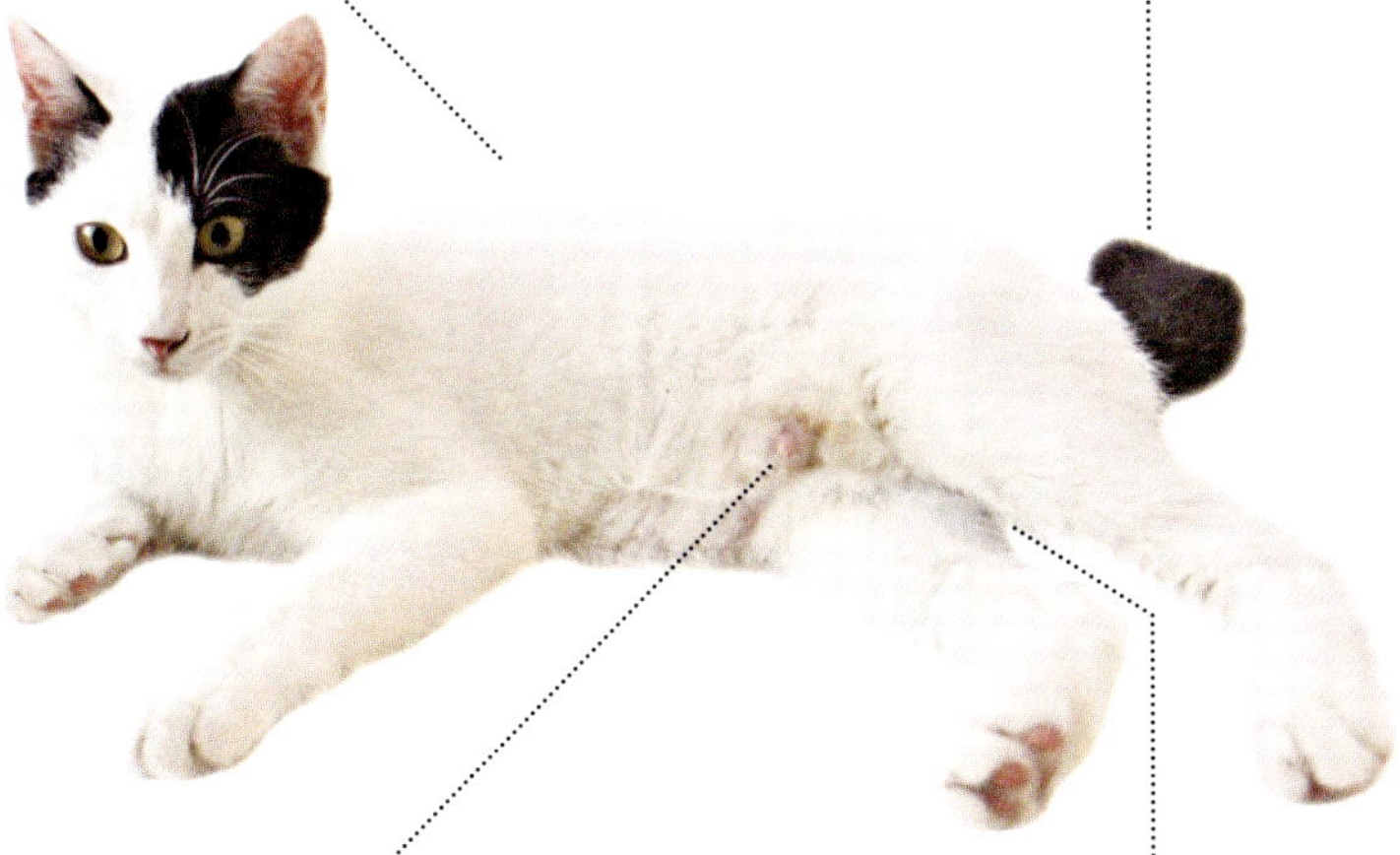

乳首

オス・メスともに、6〜8個の乳首があります。妊娠するとふくらみます。

肛門腺

肛門の左右に、強いにおいの液体を出す分泌腺があります。興奮したときなどにここから分泌液を出すことがあります。この分泌物が溜まりやすい猫もおり、その場合は定期的に絞り出す必要があります。

猫の気持ちは暮らしていれば自然にわかる

特に初めて猫を飼う人は、「猫の気持ちをちゃんと理解できるだろうか」と不安に思うことがあるかもしれません。ですが、それほど思い悩むことはありません。甘えている様子や怖がっている様子は教わらなくても伝わるものですし、その他の感情も一緒に暮らしているうちになんとなくわかってくるものです。心配であれば、猫の気持ちを解説した本はたくさんあるので、一冊買って読んでみましょう。

そもそも、猫の感情は人間ほど複雑ではなく、基本的には「快」か「不快」かしかありません。自分の身が安全なら「快」。危険が及びそうなら「不快」。猫は単独で生きる動物なので、社会生活を営む人間のようにあれこれ悩んだり他者に気を遣ったりする

ことはなく、そういう意味では単純です。

感情を読み取りたいときに注目したいパーツをいくつか挙げると、まずは目。危険な状況のときは、人間もそうですが、眠らずに目を見開いて辺りを警戒します。いざというときすぐに動けるように足裏を床につけているのも特徴です。逆にいうと目をつぶっていたり、体を横たえて足を投げ出しているときはリラックスしているということです。

そのほか、感情が読み取りやすいパーツは耳やしっぽ。耳やしっぽの動きは気持ちと連動していて、猫の感情はここを見れば丸わかりです。しっぽがゆらゆら揺れているときは気持ちも落ち着かず揺れているとき。犬と異なり「しっぽを振っていたらご機嫌」ではないので要注意です。特にしっぽの動きが早かったり、座りながら床にバンバンしっぽを打ち付けているのはイライラしているときです。

耳は嫌な気持ちになると横を向き、恐怖を感じると倒れます。何かに注意して耳をそばだてているときはまっすぐ前を向きます。耳は猫の顔のなかで最も大きいパーツなのでわかりやすいと思います。

保護したばかりの野良猫は、「シャー！」といってこちらを威嚇してくることも多いと思いますが、そのとき耳は後ろに倒れているはず。つまりいきり立っているのではなく、怖がって威嚇しているのです。ですから猫に威嚇されたら「怖がりな子なんだな」と思って気長に優しく接してあげてほしいなと思います。そういう猫が、人がそばにいるときに寝転がったり、目をつぶってウトウトしていたら、気を許してきた証拠です。

POINT

- **猫の感情は「快」「不快」がベース**
- **人間のように悩んだり気遣ったりしない**
- **感情は目や耳、しっぽなどから読み取れる**

基本的な感情は「快」か「不快」

身の安全が守られていれば「快」、危険を感じたら「不快」。
猫の感情はそれほど複雑ではありません。

足

足裏を下につけていないのは、とっさに動く必要がないとき。つまり安心しているときです。

おなか

弱点であるおなかは、安心しているときにしか見せません。仰向けで寝ているときは完全に安心しきっているときです。

目

安心しているときでないと目はつぶりません。起きているときも安心していれば、まぶたを大きく開くことはありません。

耳

怯えているときは耳を伏せます（左ページ参照）。

毛

驚いたときや恐怖を感じたときは、全身の毛を逆立てることもあります。特にふくらんだしっぽは目立ちます。

目

危険なときは目を見開いて周りの状況を見落とすまいとします。緊張と興奮で瞳孔も大きくなります。

足

足裏を下につけて、どんなふうにも動けるように準備します。

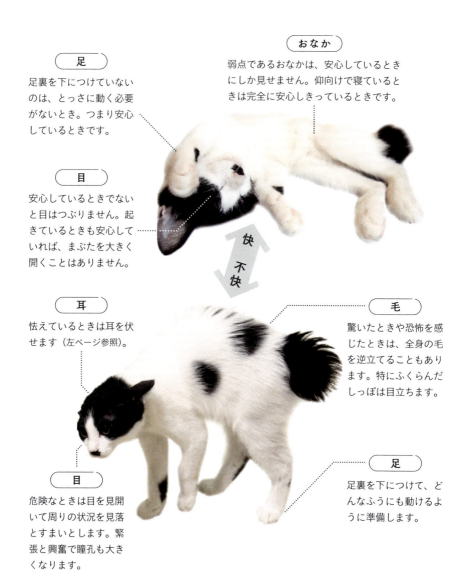

耳から読み取る感情

耳を前に向けているのは、何かわからないものを確かめようとしているとき。興味津々、もしくは警戒しているときです。

耳を横に向けるのは相手に警戒心や怒り、イライラを感じているとき。片耳だけ横を向くのは少し嫌な気持ちのときです。

耳を完全に倒すのは恐怖を感じているとき。耳が傷つかないように、また自分を小さく見せるために耳を伏せます。

しっぽから読み取る感情

上にピンと立てているのは相手に好意をもっているとき。喜びがMAXになるとしっぽをビーンと細かく震わせることも。

ゆらゆらとしっぽを動かすのは「どうしようかな～」と考えているとき。しっぽの動きが早いときはイライラしているときです。

(上)うにちゃん♂

猫ブログで大人気となったうにちゃん（2016年、虹の橋へ)。てんてんちゃんの登場にはじめは戸惑い気味。

(下)てんてんちゃん♀

天真爛漫で人が大好き！ な一家のアイドル的存在。実はうにまむさんにとって初めてのメス猫。

[Story 1] 怪我した子猫を見捨てられずうにちゃんの妹に

マンションの敷地に置き去りにされた子猫

うにちゃん・もーちゃんのオス猫2匹と平和に暮らしていたうにまむさん。特にこれ以上、猫を増やすつもりはありませんでした。

ところがある日、出かけようとマンション1階に下りると、自転車置き場で小学生の男の子たちが何やら騒いでいます。何だろうとのぞき込むと、自転車のカゴの中に、生後まもない1匹の子猫……。

「この猫、どうしたの？」そう尋ねると、「知らない誰かがここに置いて行った」「自分たちはエサをやろうと家から缶詰を持ってきた」と口々に語ります。見ると、男の子の手にはサンマ蒲焼の缶詰が。これは自分がどうにかするしかないと覚悟したうにまむさんは、急遽動物病院へ。

兄ちゃん大好き♡

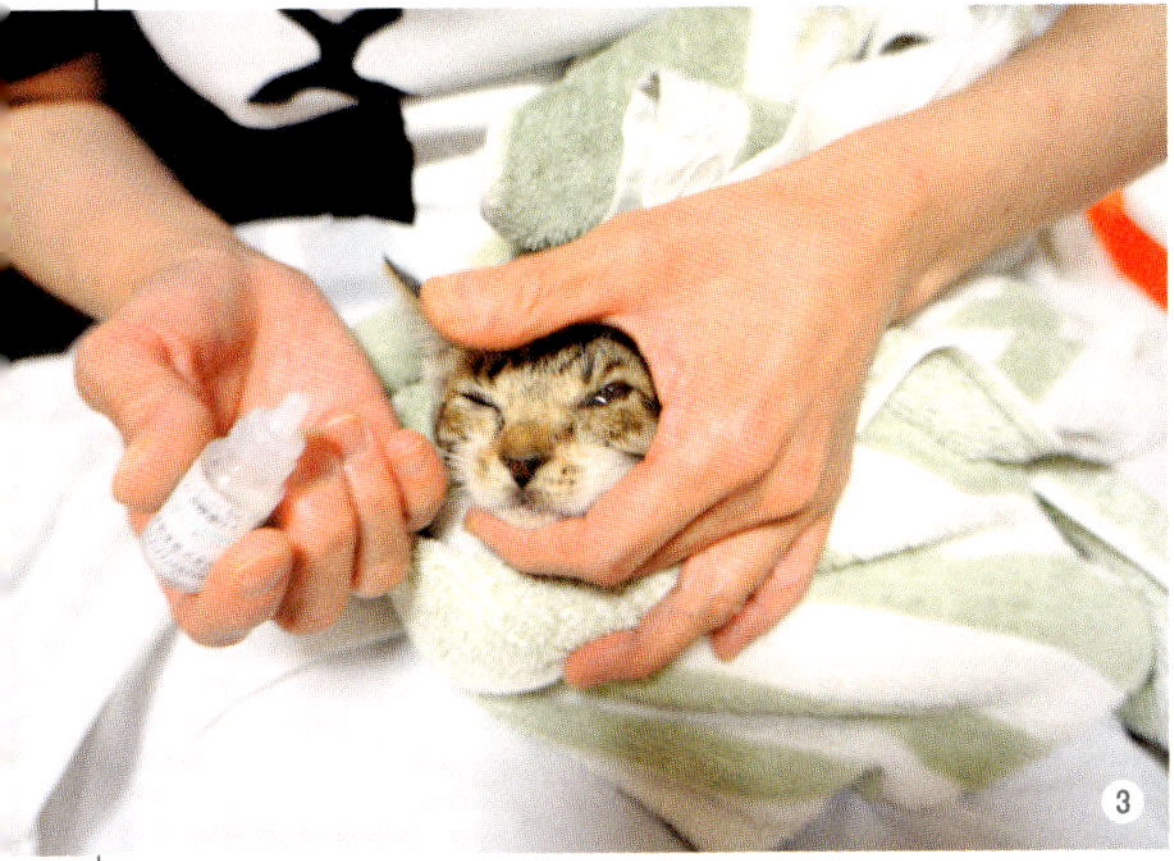

うに＆てんてん
初めての出会い

❶先住猫のもーちゃん♂に乗っかり、耳をハミハミするてんてんちゃん。お兄ちゃん猫ふたりはてんてんちゃんの行動に寛容です。
❷猫じゃらしに夢中なてんてんちゃん。
❸目薬での治療をおとなしく受けるてんてんちゃん。最初あった角膜の傷や濁りはすっかりきれいになりました。
❹新しい猫の登場に目を丸くするうにちゃん。威嚇はしなかったそう。
❺うにちゃんに踊りかかる、お転婆なてんてんちゃん。人がしっぽを触ったら怒るうにちゃんですが、てんてんちゃんがしっぽにじゃれついてもぐっと我慢していたそう。

子猫は片目に傷を負っており、おまけに全身にシラミがたかっていました。

その日はとりあえず入院させたものの、その後のことは決めかねていました。里親を探すべきか、家で飼ったら先住猫に負担はかからないか、何か病気がうつらないか……。胃が痛くなるまで悩みましたが、子猫のウイルス検査で陰性とわかった瞬間に喜びがあふれ、自分の気持ちに気づいたうにまむさん。「家に迎えることを決め、てんてんと名付けました。心配していたうにたちとの対面も問題なく、寛容に受け入れてくれてほっとしました。てんてんは甘え上手で、すっかり我が家のアイドルです（笑）」

[Story 2]

人好きだけど猫嫌い。そんな猫になぜか惹かれて

穏やかで親密なおじさま猫とのふたり暮らし

東京キャットガーディアンで定期的に猫の写真教室を開いている写真家の桐島ナオさん。シェルターにいるレオンくんに出会ったのは、撮影会を始めてまもない頃でした。「人が大好きで、誰にでもすぐに甘えていたレオン。でも、ほかの猫は苦手のようでした」。ほかの保護猫たちとうまくやれず、ストレスで体調を崩しがちなレオンくんを見て、自分が引き取ろうと決めた桐島さん。しかし住まいはペット不可の賃貸でした。

「断られたら引っ越しするつもりで、大家さんに交渉しました。幸い、長く住んでいて信頼関係ができていたこともあり、

レオンくん♂

11歳のとき、東京キャットガーディアンから桐島さん宅へ。名前は映画「LEON」から。

❶寒い朝、羽織ったガウンの中に潜り込むレオンくん。こんな顔されたら動けない！
❷自宅でも写真教室を開いている桐島さん。ハウススタジオのようなインテリアにレオンくんがいる光景は１枚のポストカードのよう。
❸レオンくんを迎えることを決めたときに、棚をたくさん買ったという桐島さん。「イタズラされたくないものを収納するためです。イタズラするレオンを叱りたくなかったので」。

OKをもらえました」。

当時レオンくんは11歳で高齢ゆえの腎不全もありました。「お別れが早く来るのは覚悟のうえ。猫は人の4倍のスピードで年を取ると聞き、だったら4倍の愛を注ごうと思いました」。体調不良で痩せていたレオンくんに、桐島さんは毎日食事を手作りし、薬を飲ませました。その甲斐あってレオンくんの体調はぐんぐんよくなり、腎臓の数値も正常に。いまはのんびり幸せな毎日を送っています。

「遅く帰宅すると鳴いて文句を言ったり、家で仕事していると自分もつき合って眠そうな顔で夜なべしたり、ちょっと不思議な猫です(笑)。基本的には穏やかな生活で、それはレオンがおとな猫だからだなと思います。子猫のほうがもてはやされがちですが、落ち着いたおとな猫も、特に賃貸にはおすすめですよ」

写真／桐島ナオ、Risa

月イチ猫撮影会ネコサツ＆猫が邪魔する一眼レフ教室　http://skyclover.hacca.jp/nekosastu/

［Story 3］路地裏の弱虫猫は面倒見のよいお兄ちゃんに

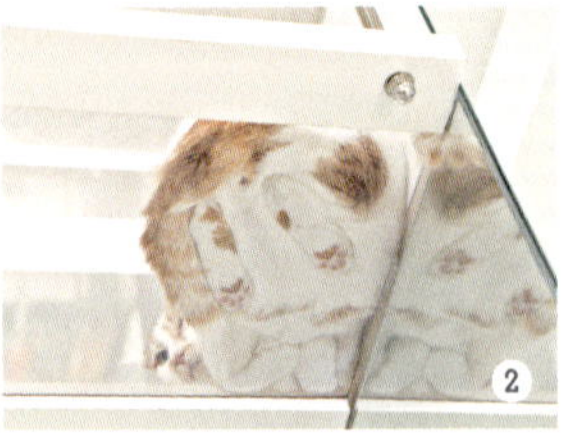

2匹とも東京キャットガーディアンの元保護猫。一緒に草野家へ。

ライアちゃん♀

カメちゃん♂

縁起のいい名前デショ

❶大塚の下町で野良生活を送っていたカメちゃん、いまでは高層マンションが住まいに。
❷ガラスのキャットウォークで肉球が見放題。
❸子猫だったライアちゃんを毛づくろいするカメちゃん。

一緒に迎えた子猫の面倒も見てくれる心優しいオス猫

東京・大塚の野良猫だったカメちゃん。ほかの猫にエサを横取りされるような気弱な猫でした。縁あってシェルターに迎えられたものの、なかなか里親さんが決まらないまま月日が過ぎます。優しい性格でスタッフさんの間では人気者でしたが、このまま里親さんが決まらないかもしれないな……と思われていました。

運命の出会いをしたのは草野さんご夫婦。旦那様が出した手を優しくペロペロと舐めたカメちゃんに見事ハートを射止められたのです。「この子を希望します」と伝えたときは、シェルター内が喜びでざわついたそう。「当時子猫だったライアも一緒に迎えたのですが、カメちゃんはオスなのにまるで母猫のように面倒を見てくれました。本当に優しい子です」。

5 守る

愛猫の専任看護師のつもりでお世話を

この章では、猫を病気から守り健康に過ごしてもらうためにやるべきことをお伝えします。

健康管理の方法は、元野良だろうがそうでなかろうが、大きな違いはありません。ですから他書でも猫の病気や健康管理について書かれたものは大いに参考にしてください。しいていえば、元野良猫は猫風邪などのウイルスをすでにもっていることが多いため、感染症についての知識は十分に得ておいたほうがよいでしょう。

猫の健康を守るために、まずは「猫は人間より早く年を取る」ことを覚えておきましょう。猫の1年は人間の4年に当たるといわれます。ですから具合

が悪いときに猫を1日放っておくのは、人間でいえば4日放っておいたのと同じこと。その分悪化するのも早いのです。

特に動物は具合が悪そうにしていると敵に狙われやすくなるため、具合が悪くてもそれを隠す習性があります。物言わぬ猫、具合の悪いことを隠そうとする猫の異変に気づくためには、飼い主さんが注意深く観察するしかありません。獣医師は猫の病気を治せますが、飼い主さんが気づいて獣医師の元に連れて行くことができなければ何の意味もありません。飼い主さんは愛猫の専任看護師になる気持ちでお世話してあげてください。

もうひとつ、大切な知識としてライフステージがあります。猫のライフステージは子猫期、成猫期、高齢期と大きく3つに分けられます。1歳までが子猫期、1歳以上が成猫期、そして7～8歳を過ぎると高齢期。まだ小さい子猫期とおとなの体になった成猫期は見た目にも区別がしやすいですが、7～8歳ではまだ若々しい猫が多く、高齢期であることを実感しにくいかもしれません。ですが猫は確実に年を取っています。7歳になったら高齢猫用フードに変えるなど早いうちからケアし、その後の健康寿命を延ばしましょう。

そのためには、基本的なことですが、愛猫の年齢をちゃんと把握しておいてください。「うちの猫、何歳だっけ」という人も多いのですが、最低限の管理です。元野良猫は正確な誕生日がわからないことが多いですが、保護したときに獣医師に診てもらえばおおよその年齢の目安はつきます。

POINT

- **猫は人より時間の流れが早く悪化も早い**
- **猫は具合の悪さを隠す動物**
- **7歳以上は高齢期用のお世話を**

家庭でできる健康チェック

猫の体を見て確認するだけでなく、できれば触っての確認も行いましょう。
触って痛がる場所があれば、要受診です。

首

首周りにはリンパ節があり、リンパ節が腫れていたりしこりのあるときは、感染症やがんの疑いがあります。定期的に触って確認しましょう。

おしり

肛門周りが臭うときは下痢の可能性や肛門腺（135ページ参照）の分泌物が溜まりすぎている可能性があります。

脚の付け根

ももの付け根、前脚の付け根にもリンパ節があるので触って確認しましょう。

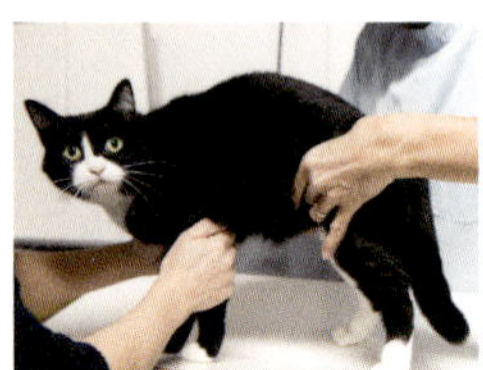

皮膚

フケが多かったり、脱毛（ハゲ）があるのは病気のサイン。ブラッシングしながら定期的に全身を確認しましょう。

耳

耳ダニが寄生していると、耳の中に黒い垢(ダニの糞)が見られ、臭いにおいがします。

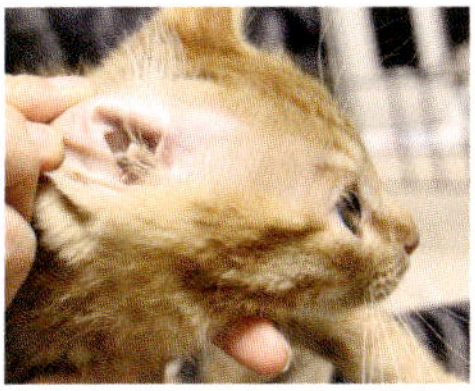

目

流涙、多すぎる目ヤニ、充血、白濁は病気のサイン。瞬膜《しゅんまく》(眼球を覆う白い膜)が出たままになっているのも具合の悪い証拠です。

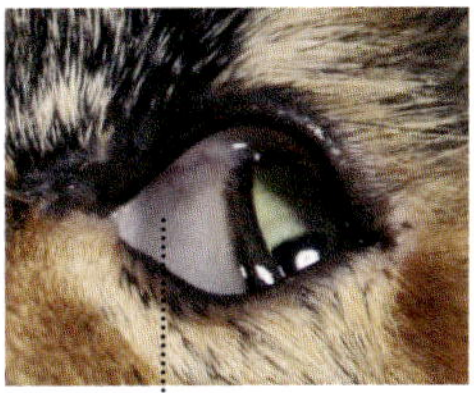

瞬膜《しゅんまく》

口

唇をめくって歯に歯垢がついていないか、歯茎は赤くないかをチェック。口を開けて呼吸していたり、嘔吐の頻度が多すぎるのは病気のサインです。

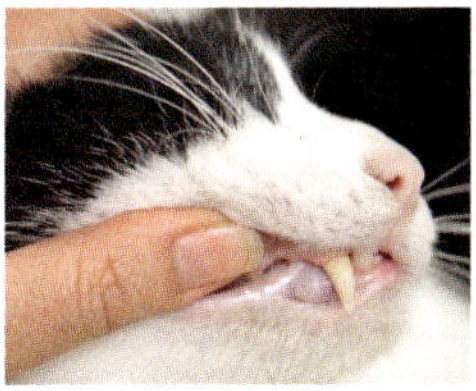

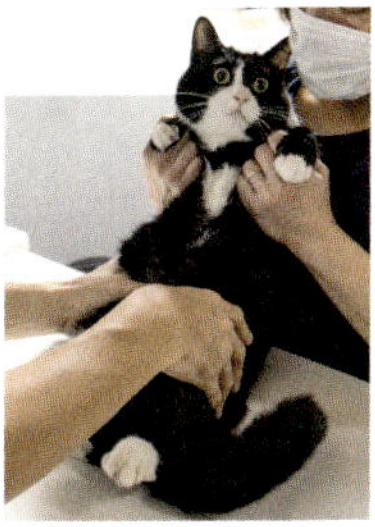

胸・おなか

乳腺腫瘍ができると腹部にしこりができたりカサブタができたりします。オスも乳腺腫瘍になります。定期的に触ってチェックを。

気づきたい愛猫の変化

体重や体温、行動の変化から見えてくる異変もあります。
日頃から定期的にチェックしましょう。排泄については86ページへ。

体重

定期的に体重を量って記録しましょう。急激な増加や減少は病気のサインです。人間用の体重計で量る場合は、猫を抱っこして体重計に乗り、自分の体重を引いて計算します。

体温

猫の平熱は39℃前後。体温計を肛門に入れて測ります。耳で測れる体温計もあります。冷たい床などでずっと寝ていたり、耳の内側が赤くなっているのは発熱のサインです。

食欲

さまざまな病気が原因で食欲がなくなりますが、まったく食べないのか、少しだけ食べて残すのかなど細かい説明が診断の助けになります。食欲の急な増進にも病気が隠れていることがあります。

飲水量

多飲多尿（たくさん飲んでたくさん尿を出す）はあらゆる病気の兆候。体重1kg当たり50cc以上を1日で飲むのは多飲といわれます。1頭飼いなら、水入れに入れた量から丸一日経ったあとに残った水の量を引けば、1日分の飲水量を計算できます。

毛づくろい

猫は痛みのある場所を舐めて治そうとします。一か所をずっと舐めているのはそこに異常がある可能性大。皮膚だけでなく、内臓に痛みがある場合もその部分を舐めることがあります。ほかに、精神的ストレスが原因で過剰グルーミングしハゲができることも。

健康でも年に一度は健康診断を受けよう

猫に異変があったときはすぐに病院に連れて行きますが、特に異変がなくても年に一度は健康診断を受けたいもの。まだ外に現れていない症状を早期発見できますし、健康なときに血液検査や尿検査をしてデータを取っておけば、将来病気になったときの比較材料として役立ちます。

頼りになる動物病院を見つけよう

飼い主さんが専任看護師だとして、いざというとき頼りになる獣医師も必要です。二人三脚で猫の健康を守っていきましょう。

よくいわれることですが、病気や怪我をして初めて動物病院を探すのでは遅いです。安心して治療を任せるためにも、健康なときから信頼できるかかりつけを見つけておくべきでしょう。その点、野良猫を保護して飼い始める方は、猫を保護した時点で動物病院とのつながりが生まれます。その際の対応や処置を見て信頼できると思えるのであれば、そのまかかりつけとしておつき合いを続けるのがいちばんです。

ただ、一度通ったくらいでは「この病院がベスト」という確信をもてることはほぼありません。ワクチン接種などで定期的に通い、獣医師との信頼関係ができていくなかで確信できるものです。あるいは途中猫が病気にかかったりして、二人三脚でそれを乗り越えることで確信に変わるのかもしれません。

「もしかしたらほかにもっといい病院があるかもしれない」という気持ちが芽生えたら、積極的に探してみましょう。目星をつけた病院に、一度簡単な健康診断や診察を受けに行くのです。病院や獣医師の雰囲気がわかるはずです。説明がわかりやすいかどうか、話しやすい人柄かどうかもポイントでしょう。最近では病院の口コミサイトもありますが、やはり百聞は一見にしかずです。いざというときは愛猫の命を預ける相手ですから、「この先生なら安心して任せられる」という獣医師を見つけたいもの。そのためには「いまの病院に悪い」という遠慮は無用です。

なかなか病気が治らなかったりして、かかりつけに不信感が芽生えそうなときも同様です。遠慮せず、他院にセカンドオピニオンを求めましょう。普通、セカンドオピニオンを嫌がる病院はありません。もしかしたらそれでもっと相性の合う先生を見つけられるかもしれませんし、「やっぱりこの治療で正しかったんだ」とかかりつけへの信頼を取り戻すかもしれません。

また、ペットを飼ったことのある人ならご存じと思いますが、動物病院は「自由診療」です。人間の病院のように、同じ治療内容であれば費用も同じというわけではありません。例えば同じ手術でもAの病院なら5万円、Bの病院なら30万円ということもあります。その病院の設備や治療方針、獣医師の知名度などによって自由に費用を設定できるのが動物病院なのです。ですから費用はかかりつけを選ぶ際の選択材料のひとつです。

もちろん安ければよいという単純な話ではありませんが、自分にとって高すぎる病院だと、ちょっとした異変があったときに通院を躊躇してしまうもの。本来ならその〝ちょっとした異変〟のときに気軽に通えるところをかかりつけにすべきです。ですから無理のない範囲で選びましょう。費用の負担を減らすためにペット保険に入るのもよい手です。

POINT

- **定期的に通って獣医師との信頼関係を築く**
- **セカンドオピニオンを求めてもいい**
- **診療費も病院選びのポイント**

嫌がる猫の通院はハードキャリーで

たいていの猫は病院に連れて行かれるのを嫌がります。ですから病院に行くことを気取られず、さっと捕まえてキャリーケースに入れることが大切です。そのためには猫が暴れても逃げられない抱っこのしかたを覚えておきましょう。捕まえては逃げられをくり返し、延々と追いかけっこするのはお互いにストレスの時間を延ばすだけです。

また、通院のときだけキャリーケースを取り出していたのでは簡単に察知されてしまいます。普段から出しっぱなしにしてハウスやベッドとして使わせましょう。病院に行ったときにキャリーからなかなか出たがらない猫も多いですが、そういう猫にはプラスチック製などのハードキャリーが◎。布製のソフトキャリーだと爪を布に引っ掛けて抵抗しますが、ハードキャリーだと引っ掛けにくく猫を出しやすいからです。さらに上部に扉があると、猫をキャリーに入れたままで診察することもできておすすめです。

キャリーの中には普段寝床に敷いているタオルなどを一緒に入れると多少は猫が落ち着きます。格子越しに外の世界が見えると怖がるため、キャリーの周りもタオルなどで目隠しするとよいでしょう。

POINT

- 猫をすばやく捕まえられる技術が必要
- キャリーケースは普段から出しておく
- 上部に扉のあるハードキャリーがおすすめ

逃がさない抱っこのPOINT

★に脚を入れてつかむ

両脚を片手で持つ

両前脚を片手で、両後ろ脚をもう片手で持ちます。脚の間に人差し指1本を入れて持つと猫が暴れても抜けにくくなります。

腕で猫の胴体を押さえる

後ろ脚を持ったほうの腕で猫の胴体を押さえ、自分の胴体に密着させせます。

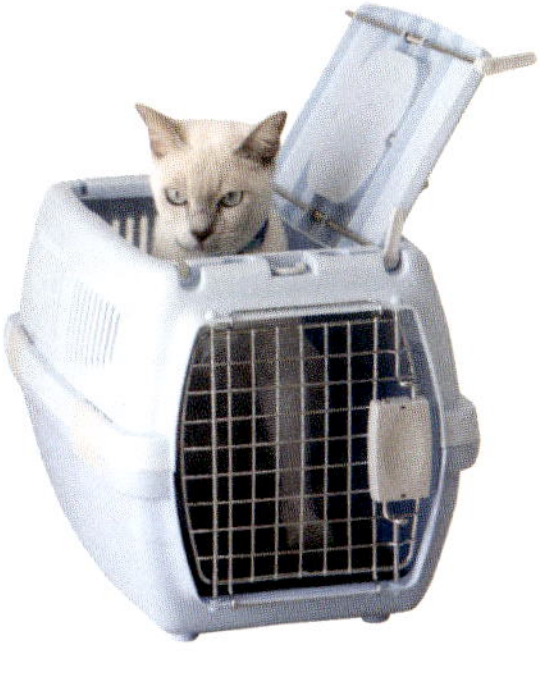

上開きのハードキャリーが便利

ハードキャリーのほうが猫の出し入れがしやすく、中でそそうをしても掃除がしやすく、便利です。さらに上開きだと猫を中に入れたままで診察や治療をすることもできます。病院で暴れる猫は洗濯ネットに入れたうえでキャリーに入れるとよいでしょう。

画像提供／56nyan

去勢・不妊手術で長生きを目指す

繁殖制限の重要さは、4章でわかっていただけたと思います。しかし「やはり人間の都合で体にメスを入れるのはかわいそう」「家から出さなければ手術しなくてもいいのでは」と考えている方がいるかもしれません。

結論としては、たとえ家から出さなくても、家に異性の猫がいなくても、手術はしたほうがいいとされています。ここでは、手術を行うことによる繁殖制限以外のメリットをお伝えしましょう。

はじめに、手術のリスクはごく低いことを知っておいてください。手術自体は簡単なもので手術ミスの心配は不要です。手術を行うための全身麻酔はやリスクがあり、全身麻酔による死亡率は数千分の1と残念ながらゼロではありませんが、ごく低いリスクといえるでしょう。

さて、手術によって得られる最大のメリットですが、これは「長生きできる可能性が高まる」ことに尽きます。ある調査では手術済のオスは未手術のオスより平均1・6倍、手術済のメスは未手術のメスより平均1・4倍長生きだったというデータもあります。これは、手術によって生殖器の病気をゼロにできたり、性ホルモンの影響を受ける乳腺腫瘍などの発症率を下げられるためです。ほかに、未手術のオスはケンカっぱやくなり、ケンカの傷から感染症にかかるリスクが高くなりますが、それを間接的に減らすことができるという面もあります。

ほかに、情緒不安定になる発情期をなくすことで精神的なストレスを減らせるという面もあります。繁殖は猫の〝種〟としての大事な仕事ですが、それによるストレスも大きいのです。〝個〟として幸せに暮らせるなら、繁殖という重い荷は下ろしてもいいのではないでしょうか。

また、これは人間側の都合になりますが、発情中にくり返される大きな鳴き声やスプレー（壁などに向かって出されるマーキングの尿）は、一緒に暮らすうえで悩みのタネになります。手術を施すことで人間側のストレスもなくなります。

手術は、発情期が一度も来ないうちに行うのがベスト。かかりつけの獣医師と相談して手術のタイミングを決めましょう。

POINT

- 生殖器の病気がゼロになる
- 感染症のリスクも間接的に減らせる
- 精神的ストレスも減り〝個〟として幸せに

スムーズに投薬できる方法を見つけよう

猫を飼う限り、投薬しなければいけないシーンは必ず出てきます。素直でおとなしい猫は投薬しやすいのですが、臆病で触ることも難しいような猫は苦労します。

難しい猫の場合は二人がかりで行い片方が保定役になったり、首から下を洗濯ネットに入れたりバスタオルで包んだりして動きを制限してもいいかもしれません。愛猫にうまく投薬できる方法を試行錯誤して見つけましょう。拘束時間が長引くほど猫のストレスは増えるので、飼い主さんはできるだけ手早く済ませられるよう、投薬方法をマスターしてください。かかりつけの獣医師にお手本を見せてもらってもよいでしょう。

食いしん坊の猫なら薬をおやつで包むなどすると簡単に投薬できます。ただしいつものフードに混ぜて与えるのは避けたほうがいい場合も。大らかで細かいことを気にしない猫は、ドライフードの上に錠剤をそのまま置いておくだけでも気にせず食べますが、警戒心の強い猫の場合、薬が入っていなくてもそれ以降そのフードを警戒して食べなくなることがあるからです。

POINT

- 手早く投薬できる方法をマスターすべし
- 獣医師にお手本を見せてもらうとよい
- いつものフードに混ぜる方法は良し悪し

錠剤・カプセルの与え方

処方されることの多い錠剤の与え方はぜひマスターしたいもの。
あとでこっそり吐き出すこともあるので、飲み込むまでしっかり確認します。

与え方のPOINT

1

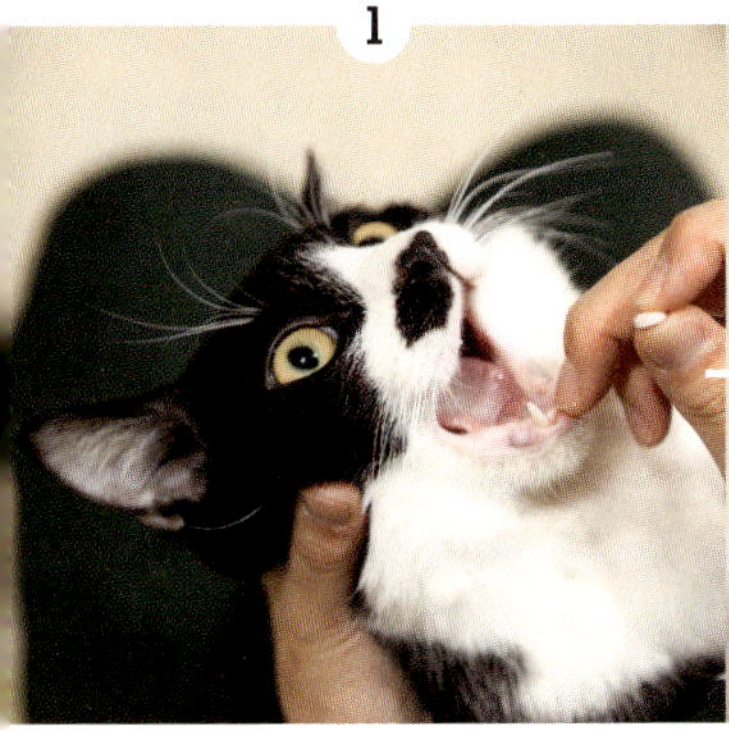

2

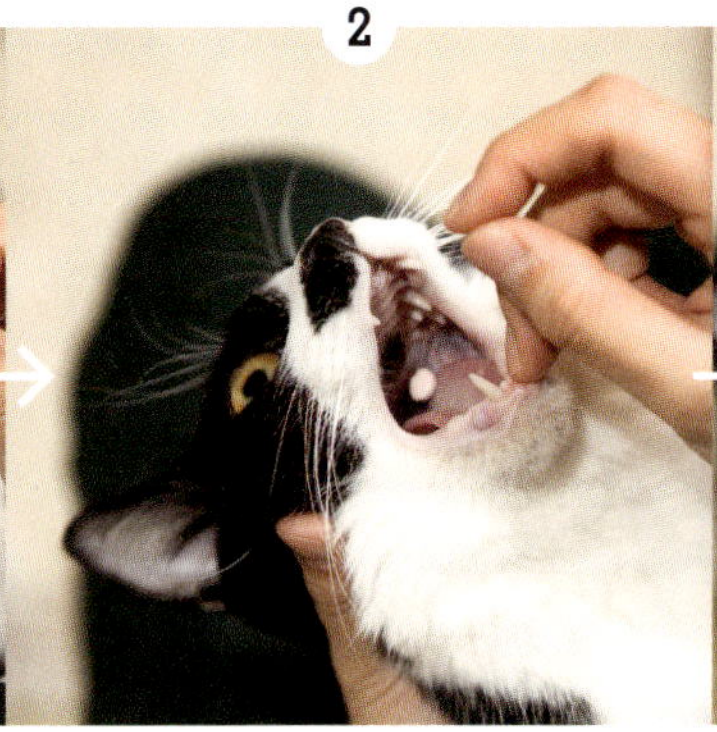

3

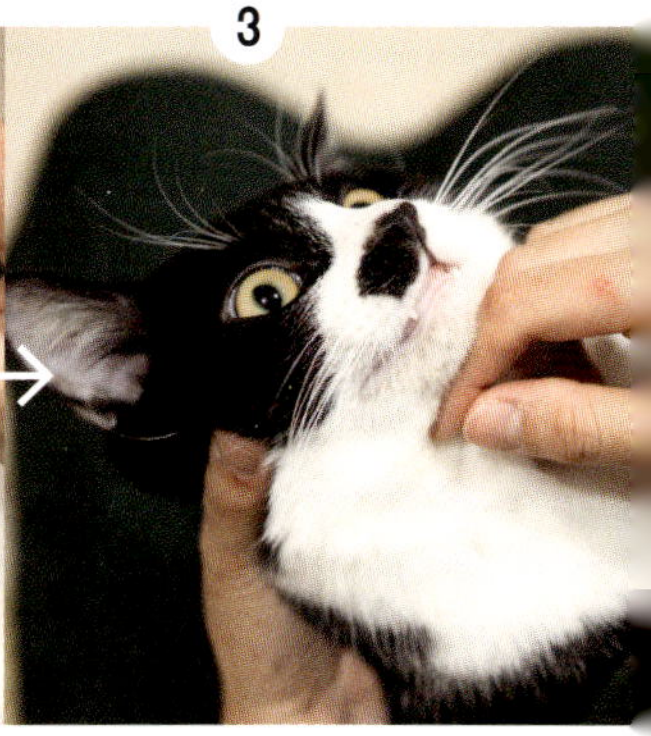

片手で猫の頭をつかみ、猫の顔を斜め上に向けます。もう片手の親指と人差し指で錠剤を持ちます。錠剤を持ったほうの手の中指を猫の下あごに当てて口を開けます。

猫の口内、中央奥に錠剤を落とします。

猫の口を閉じて飲み込むのを待ちます。のどをさすったり、シリンジで水を与えると飲み込むのが早くなります。

おいしいフードに包んで与える手も

投薬用の粘着性のあるフードが動物病院で入手できます。それで薬を包み、おやつとして与えます。薬なしのものも作り、先に与えたうえで薬ありのフードを与えると食べてくれやすくなります。

画像／イヌ・ネコ用補助食品 サイペット フレーバードゥ

錠剤を砕いて粉薬として与えても

錠剤を飲ませにくいならピルクラッシャーなどで砕いて粉薬にしても。カプセルも中の粉薬を取り出すことができます。粉薬の与え方は次ページへ。

粉薬の与え方

人間でも飲むのが苦手という人が多い粉薬。
与えやすい方法を探しましょう。

水に溶かしてシリンジで

1

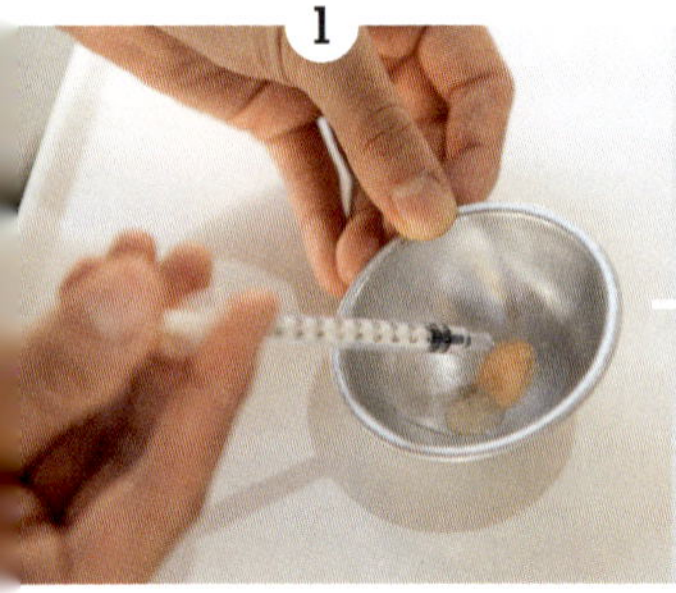

粉薬を皿に入れ、そこにシリンジで吸った水を0.2〜0.5mℓほど入れて溶かします。溶かしたら再びシリンジで吸い取ります。

2

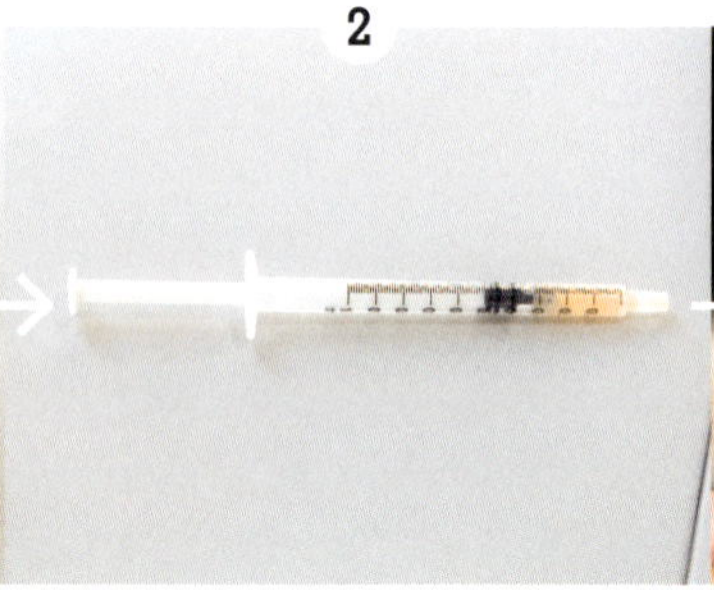

1mℓシリンジで0.2mℓほど吸い取ったところ。あまり多いと飲ませるのが大変なので、水の量は0.5mℓ以内に。

3

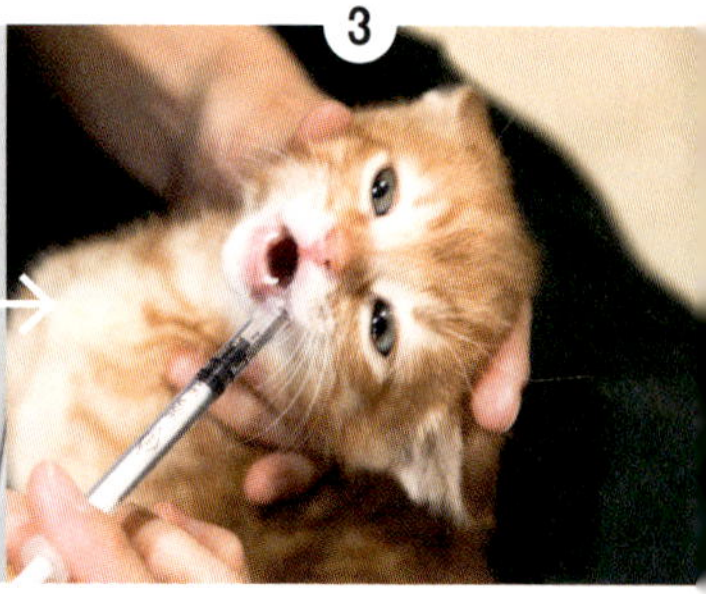

犬歯の後ろにシリンジの先を入れ、ゆっくり液体を押し出します。猫の口は大きく開けなくてかまいません。液剤の飲ませ方もこれと同じです。

空カプセルを使って

1

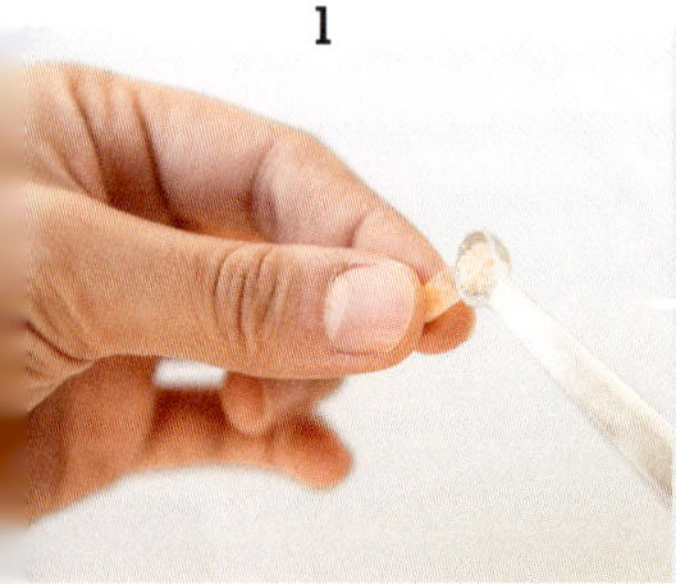

市販されている空カプセルに粉薬を入れます。薬さじを使うとやりやすいでしょう。

2

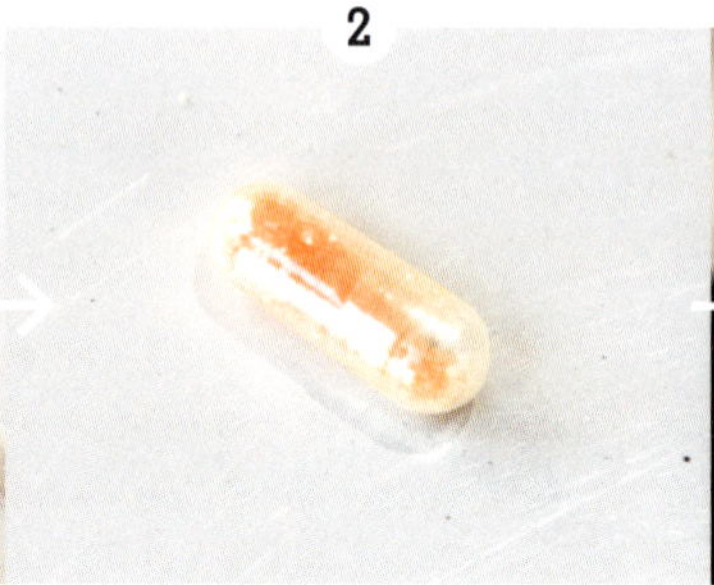

粉薬を入れた状態。カプセルはなるべく小さいサイズがおすすめです。

3

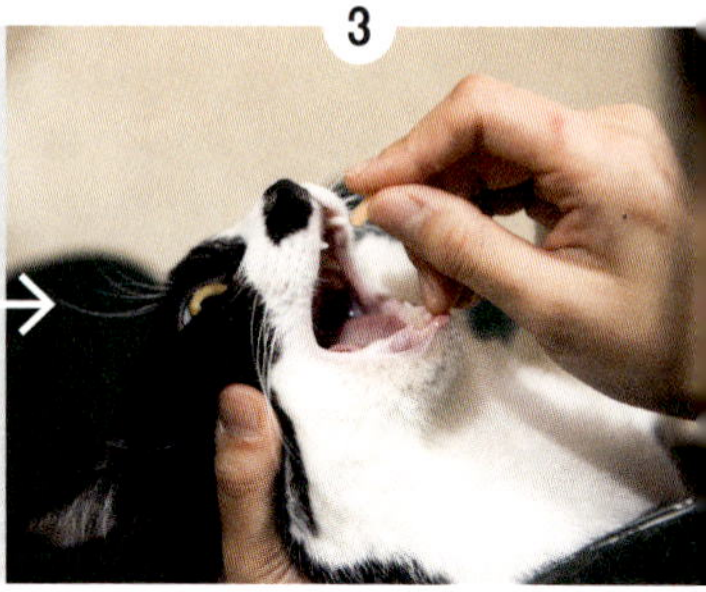

飲ませ方は159ページと同じです。

やわらかいフードに混ぜて

1
粉薬をペースト状フードやウエットフードに混ぜます。猫に食べ切ってもらうために多すぎない量にします。

2
そのまま皿に乗せて与えます。必ず全量食べたか確認しましょう。

3
猫が自ら食べないときや食べ残したときは、27ページの強制給餌の方法で与えます。

ペースト状フードは ドライをふやかしても作れる

ドライフードをひたひたの水に10分以上入れてふやかし、その後押しつぶせばペースト状フードが作れます。

バターやシロップ、ヨーグルトに混ぜて舐めさせてもOK

バターなどを好物としている猫なら、粉薬をこれらに混ぜて与えても。混ぜたものを鼻の頭につけて舐め取らせてもよいでしょう。ただし糖尿病などこの投薬法を避けたほうがいい場合もあるので、あらかじめ獣医師に相談を。

点眼薬・点鼻薬の与え方

結膜炎などになると1日に何度も点眼しなければなりません。
同じ薬で点眼・点鼻両方に使えるものもあります。

点眼薬の与え方

1

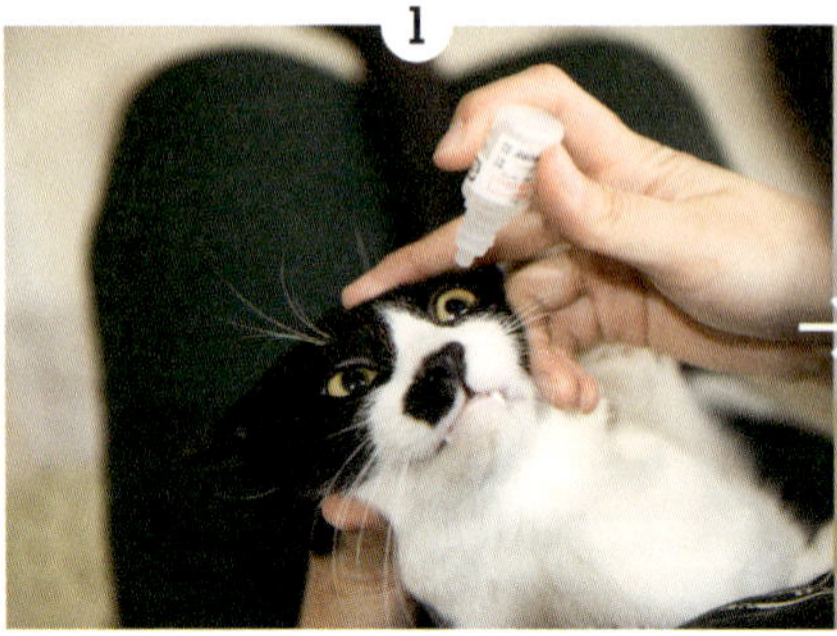

2

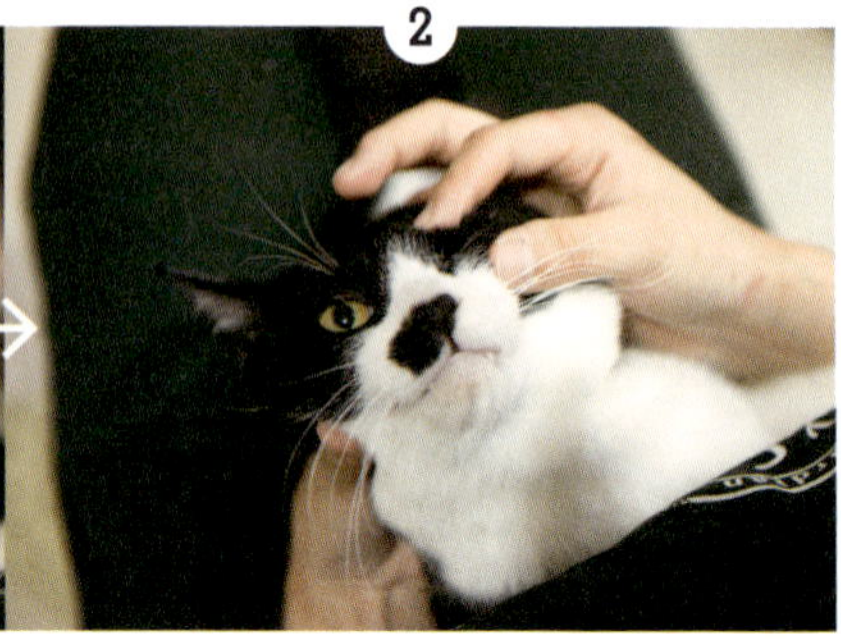

片手で猫の頭をつかみ、斜め上に向かせます。もう片方の手の人差し指と親指で点眼薬を持ち、残りの指を猫の顔に当て、まぶたを閉じないよう固定します。

猫の目にポタリと1滴落としたら、眼球全体に行き渡るよう、まぶたを2〜3回閉じ開きします。

点鼻薬の与え方

片手で猫の頭をつかんで斜め上に向かせ、もう片方の手で点鼻薬を持ちます。小指側を猫の顔に当てると投薬しやすくなります。そのまま猫の鼻の穴に入るように1〜2滴垂らします。鼻水が出ていたら投薬前に拭いてください。

投薬しにくい猫への工夫

投薬しようとすると暴れて嫌がる猫にはひと苦労……。
でも、何とか工夫して投薬するしかありません。

工夫1

猫を股の間に挟む

投薬しようとして保定すると、猫は後ずさりで逃げようとします。後ずさりできないよう、ひざをつき股の間に猫のおしりを入れると逃げられなくなります。

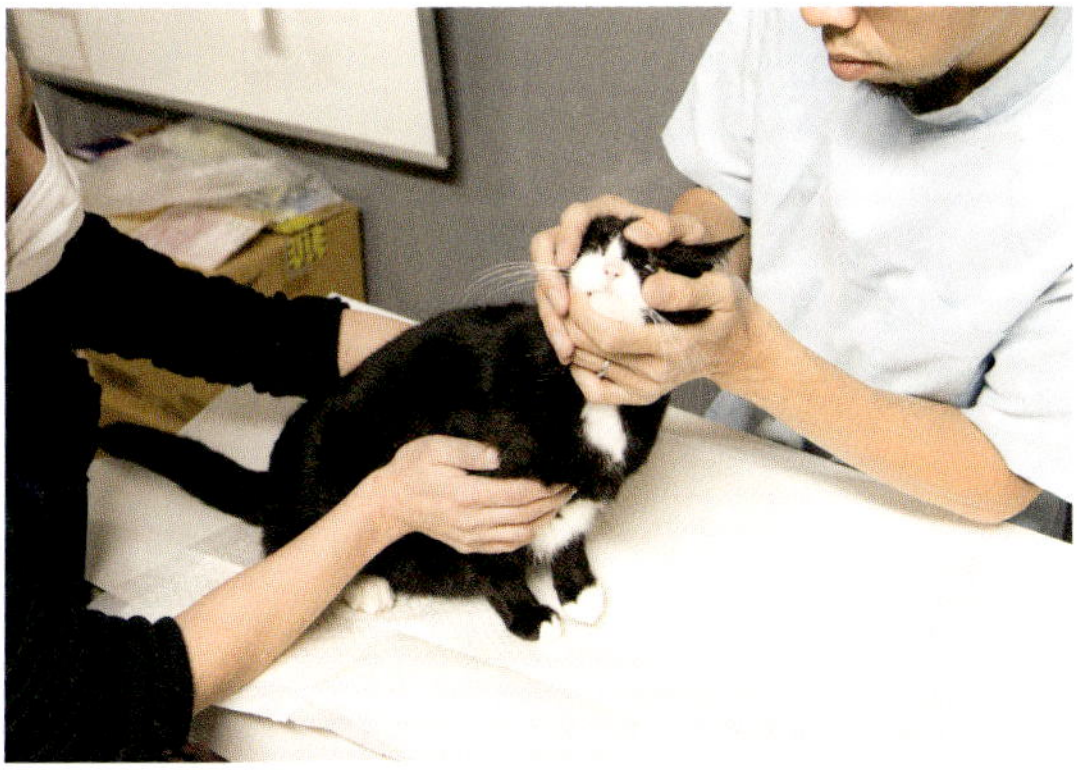

工夫2

二人がかりで行う

一人が保定係、もう一人が投薬係になります。肩甲骨《けんこうこつ》の上を手で押さえると猫が動きづらくなります。155ページの抱っこのしかたもマスターしましょう。

工夫3

首から下を洗濯ネットに入れる

首から下の動きを制限します。バスタオルで首から下をすっぽり包んでもよいでしょう。

知っておきたい感染症と寄生虫症

野良猫と暮らし始めるときにいちばん気をつけたいのは感染症と寄生虫症。正しい知識を身につけておきましょう。

感染症

猫《ねこ》免《めん》疫《えき》不《ふ》全《ぜん》ウイルス感《かん》染《せん》症《しょう》

(猫エイズ／FIV)

原因

主な感染経路は感染猫とのケンカによる咬傷《こうしょう》。感染猫の唾液に含まれるウイルスが血液内に侵入して感染する。ウイルスの感染力は弱く、直接接触しない限り感染はしない。交尾による感染や母子感染もほぼない。オスの成猫に感染が多いといわれる。

検査

血液検査で調べられる。ただし感染後2か月以内は陽性でも陰性と出たり、生後6か月以内だと陰性でも陽性と出たりする。

症状

感染すると4～6週間の潜伏期間のあと、発熱や下痢などが数週間から数か月続く（急性期）。その後症状がなくなり、外見上は元気な猫と区別がつかなくなる（無症状キャリア期）。無症状キャリア期は数年から長いと10年以上あり、発症しないまま天寿を全うする猫もいる。その後発症すると免疫異常となり、口内炎や猫風邪などが慢性化する。末期になると免疫不全となり、感染症や悪性腫瘍を発症し死に至る。

予防・治療

感染するとウイルス自体をなくす治療法はない。なるべくストレスを避け室内飼いをすることで発症を避け、発症後は対症療法で苦痛緩和に努める。予防は、室内飼いをし感染猫との接触を避けること。ワクチンもあるが日本に多い猫エイズのタイプには効果が少ないとされる。

猫エイズの進行

感染 → 急性期 → 無症状キャリア期 → 発症期

急性期：数週間～数か月　無症状キャリア期：数年～10年以上

※FIVなどの名称は英語名の略称。人のエイズがHIVと称されるのと同じ。

※猫免疫不全ウイルス感染症、猫白血病ウイルス感染症については34ページ、ワクチンについては38ページも参照ください。

感染症

猫《ねこ》白《はっ》血《けつ》病《びょう》ウイルス感《かん》染《せん》症《しょう》
(FeLV)

原因

感染猫とのケンカによる咬傷で唾液内のウイルスが体内に侵入すると高い確率で感染する。猫どうしのグルーミングや食器の共有など感染猫の唾液を舐め取ることでも感染しうるが、持続的に多量の唾液を舐め取らない限り感染しない。母子感染もある。ただし、感染しても自然治癒することもあり、1歳以上の感染では90％が自然治癒するというデータもある。

検査

血液検査で検査可。唾液で調べるキットもある。ただし感染後1か月以内は陰性と出たり、ウイルスを排除して陽性が陰性に変わることもある。

症状

感染すると2〜6週間の潜伏期間のあと、発熱やリンパ節の腫れを起こす(急性期)。その後ウイルスを排除し治癒する猫もいるが、持続感染の猫は数か月〜数年の無症状の時期を経て（無症状キャリア期)、発症するとリンパ腫や非再生性貧血、免疫不全などを起こし死に至る。

予防・治療

急性期にはインターフェロンの投与などで持続感染を防ぐ。持続感染になった猫にはウイルスを消す治療法はなく、なるべくストレスを避けけて発症を防ぐ。発症後は対症療法で苦痛緩和に努める。ワクチンや室内飼いで予防する。

猫白血病の進行

ウイルスを排除し回復することもある

感染 → **急性期**（1〜2か月） → **無症状キャリア期**（数年） → **発症期**

「キャリア」とはウイルスを保有している状態

ウイルスのなかには一度感染すると消えないものや、きちんと治療しなかったことで慢性化するものがあります。このようにウイルスを保有し続ける状態を「キャリア」と呼びます。キャリアの猫自身は無症状でもほかの猫にうつす感染源となります。

感染症

猫《ねこ》汎《はん》白《はっ》血《けっ》球《きゅう》減《げん》少《しょう》症《しょう》

(猫パルボウイルス感染症／FPV)

原 因

感染力が非常に強く死亡率が高い猫パルボウイルスによる、最も恐ろしい感染症のひとつ。感染猫との直接接触のほか、感染猫の便や吐しゃ物との接触や、それらの飛沫を口や鼻から吸収することで感染する。ウイルスは野外でも数か月間生存でき、人が服や靴にウイルスを付着させて運ぶこともあるため、室内飼いでも感染の恐れがある。ウイルスは一般的な消毒液では死滅せず、塩素系消毒液を使う必要がある。

検 査

現在は犬のパルボウイルスを検出するキット（便検査）しかなく、検出率がやや低くなるが、陽性と出れば感染確実。ただし感染しているのに陰性と出る場合もある。血液検査では白血球の減少が見られる。

症 状

4～5日の潜伏期間のあと急速に進行し、発熱や激しい嘔吐、血便を起こす。急死する猫が多いが（ワクチン未接種の子猫の死亡率は90%以上)、回復した猫には強力な免疫ができ、生涯この病気にはかからなくなる。

予防・治療

特効薬はないため、感染猫には水分や栄養補給を行い、インターフェロンや抗生剤を投与して免疫力を高め、ウイルスに打ち勝つのを手助けする。ウイルスの感染力が強いため室内飼いでも完全には防げず、ワクチンのみが有効な予防法となる。ワクチンで一度免疫を作れば生涯にわたって免疫力を発するといわれる。多頭飼いの場合は1頭が感染するとすべての猫に感染拡大する恐れがあるため、感染猫は完全隔離し消毒を徹底する。

カビが皮膚に生える病気がある!?

カビの一種である真菌が皮膚に感染する「皮《ひ》膚《ふ》糸《し》状《じょう》菌《きん》症《しょう》」という病気があります。真菌は環境中に普通に存在し、健康であれば問題ありませんが免疫力が落ちていると感染し、感染すると皮膚に円形の脱毛（ハゲ）が見られるようになります。抗真菌剤を投与して治療しますが、完治にはやや時間がかかります。

感染症

猫《ねこ》ヘルペスウイルス感染症《かんせんしょう》(FHV)

原因・検査・症状

猫風邪の一種で、感染猫との接触やクシャミなどの飛沫が鼻や口から入ることで感染する。血液や分泌物（鼻水など）から検査可。2〜10日の潜伏期間を経て発熱や呼吸器症状、結膜炎の症状が現れ、子猫は視力を失ったり死亡することが多い。8割の猫はキャリアになり、免疫力が落ちると再発症する。

予防・治療

ワクチン接種で予防。キャリアの猫でもワクチンで再発症を防ぐ効果が得られる。抗生剤や点眼剤で治療する。

猫《ねこ》カリシウイルス感染症《かんせんしょう》(FCV)

原因・検査・症状

猫風邪の一種。感染猫との接触やクシャミなどの飛沫による感染のほか、ウイルスの生存力が強いため人が手や服などにつけて運ぶこともある。環境中のウイルスは塩素系消毒液でないと死滅しない。1〜2日の潜伏期間後、呼吸器症状のほか口内炎や舌炎が現れる。血液や分泌物（鼻水など）で検査可。

予防・治療

ワクチンで予防する。発症したら抗生剤や栄養補給で免疫力を高める。

猫《ねこ》クラミジア感染症《かんせんしょう》

原因・検査・症状

猫風邪の一種で、クラミジア（細菌の仲間）の感染が原因。感染猫との接触やクシャミなどの飛沫からうつる。3〜14日の潜伏期間を経て結膜炎や角膜炎、呼吸器症状が現れる。血液や分泌物（鼻水など）から検査できる。人獣共通感染症で、まれに人にも結膜炎がうつることがある。

予防・治療

発症したら抗生物質で治療する。ワクチンで予防する。病原体は一般的な消毒液で死滅する。

※人獣共通感染症については103ページも参照ください。

猫《ねこ》伝《でん》染《せん》性《せい》腹《ふく》膜《まく》炎《えん》（FIP）

原因・検査

コロナウイルスが体内でFIPウイルスに突然変異することが原因。多くの猫がコロナウイルスをもつが、無症状もしくは軽度の下痢しか起こさず問題は少ない。このうち1割以下の猫で、原因不明でウイルスの変異が起こり発症する。コロナウイルスは感染猫の便からうつるが、FIPウイルスは猫から猫への感染はないといわれる。FIPの検査方法はなく、血液でコロナウイルス抗体値を調べ、その他の症状と合わせて診断する。

症 状

約1週間の潜伏期間ののち発熱や下痢を起こす。致死率はほぼ100%。腹水や胸水が溜まるウエットタイプと神経症状などを起こすドライタイプがある。

予防・治療

発症すれば特効薬はなく対症療法で延命を試みる。多頭飼いではコロナウイルスの感染拡大を防ぐため、猫の便はこまめに片付けトイレ周りを消毒する。

歯《し》周病《しゅうびょう》

原因・検査

感染猫の唾液から歯周病菌がうつる。多くは母猫から子猫への感染。歯垢が溜まっていることも原因になる。3歳以上の猫の80%は歯周病をもつといわれる。口内を目視で検査したり、レントゲン撮影を行うこともある。

症 状

口内の炎症や口臭、よだれ、歯茎からの出血など。悪化すると痛みで食べられなくなる、歯がぐらついて抜ける、あごの骨に穴が開くなど。

予防・治療

定期的な歯磨きや歯石予防のフードで予防する。進行した歯周病には歯石除去や抜歯などの外科治療が有効だが全身麻酔が必要になる。

※歯磨きのしかたは117ページを参照ください。

外部寄生虫症

ノミによる皮膚炎《ひふえん》

駆虫薬あり

原因・検査・症状

ネコノミに寄生されることが原因。目視でノミやノミの糞、卵を確認できる。かゆみが主な症状で、腰や背に脱毛が見られることもある。ノミから条虫《じょうちゅう》などほかの寄生虫がうつったり、幼い猫では貧血を起こすこともある。ノミアレルギーの猫では1匹に刺されただけでも全身に皮膚炎を起こす。

予防・治療

駆虫薬を投与し、炎症を抑える治療をする。掃除を徹底して環境中のノミも駆除する。

疥癬《かいせん》（ヒゼンダニ）

駆虫薬あり

原因・検査・症状

感染猫や感染犬との接触、ブラシの共有などでヒゼンダニに寄生される。症状は激しいかゆみや炎症、フケ、脱毛、カサブタなど。頭部から全身に症状が広がる。検査は皮膚の一部を採取して顕微鏡で確認する。

予防・治療

駆虫薬を投与したり、薬浴剤でシャンプーする。治療が遅れると全身が衰弱し貧血などを起こし致命的となる。ヒゼンダニは猫の体から落ちると数日で死滅する。

耳疥癬《みみかいせん》（ミミヒゼンダニ）

駆虫薬あり

原因・検査・症状

感染猫との接触でミミヒゼンダニ（耳ダニ）が寄生して外耳炎を起こす。耳の中に黒い耳垢（ダニの糞）が溜まったり悪臭がするのが特徴。耳垢を顕微鏡検査して調べる。耳をしきりにかく、頭を激しく振るなどのしぐさも見られる。悪化すると内耳炎や耳血腫《じけっしゅ》、神経症状などに進行することもある。

予防・治療

駆虫薬を投与する。耳の中の洗浄や点耳薬で治療する。室内飼いで予防し、耳の中を定期的にチェックする。

※駆虫については28ページも参照ください。

内部寄生虫症

回虫症《かいちゅうしょう》

駆虫薬あり

原因・検査・症状

回虫とは5〜10㎝ほどの白い線虫《せんちゅう》。寄生した回虫は小腸内で卵を産み、便と一緒に出た虫卵を口にすることでほかの猫にもうつる。寄生ネズミなどの捕食も原因。母猫が寄生されていると母乳を介して子猫にもうつる。症状は下痢や嘔吐、脱水など。大量に寄生されると腸閉塞を起こすこともある。便の顕微鏡検査で調べられる。

予防・治療

駆虫薬の投与。多頭飼いはトイレの便を早めに処理して感染拡大を防ぐ。

条虫症《じょうちゅうしょう》

駆虫薬あり

原因・検査・症状

いわゆるサナダムシが小腸に寄生することで下痢、脱水、食欲不振、体重減少などが起こる。寄生されたノミやネズミ、カエルなどを捕食したり、環境中にいる虫卵を口にすることでうつる。寄生された猫は便と一緒に虫の体の一部や卵を排泄する。便検査や肛門周りの診察でわかる。

予防・治療

駆虫薬の投与で治療。ノミなどほかの寄生虫の予防が条虫症の予防になる。室内飼いでネズミなどの捕食を防ぐ。

マダニからうつる感染症って!?

マダニは草むらなどに普通にいる大型のダニで、屋外を歩く動物なら犬、猫、人間問わず寄生される恐れがあります。刺されると痛みやかゆみが生じますが、それよりも恐ろしいのはマダニからほかの感染症がうつることです。なかには重症化すると命にも関わる病気もあります。飼い猫は室内飼いなどでマダニの寄生を防ぐのはもちろんのこと、マダニから感染症をうつされた猫がいると、猫から人へ病気がうつることも考えられるため、野良猫と接するときには注意が必要。野良猫を触ったあとは必ず手を洗い、もし噛まれるなどして怪我をし体調不良になった場合は、早めに病院を受診してください。

内部寄生虫症

鉤虫症《こうちゅうしょう》

駆虫薬あり

原因・検査・症状

口に鉤《かぎ》をもつ1～2cmの線虫が腸壁に食いついて吸血する。症状は貧血、血便、脱水、食欲不振、腹痛など。感染猫の便中には卵があり、成長した幼虫を口にしたり、環境中にいる幼虫が皮膚から侵入することが原因。母猫が寄生されていると胎盤や母乳を通じて子猫にもうつる。便検査で調べられる。

予防・治療

駆虫薬の投与。室内飼いで寄生を防ぐ。便は早めに処理する。

原虫症《げんちゅうしょう》

駆虫薬あり

原因・検査・症状

コクシジウムやトキソプラズマ、ジアルジアなどの単細胞生物（原虫）が小腸などに寄生する。寄生された猫の便や寄生された動物の生肉を口にすることが原因。症状は下痢、脱水、成長不良、嘔吐などで子猫は死亡することも多い。便検査で調べられる。

予防・治療

駆虫薬で治療する。感染中は便中に原虫を排泄するため、完治までは使用後のトイレを熱湯消毒する必要がある。

フィラリア症《しょう》

駆虫薬あり

原因・検査・症状

蚊に吸血されることによってフィラリア（犬糸状虫）が体内に入り、心臓や肺動脈に寄生する。症状は食欲不振、心拍数の増加、呼吸困難などで、突然死することもある。血液検査や心臓の超音波検査、胸部のレントゲンなどで調べる。

予防・治療

駆虫薬の定期投与で予防する。蚊の駆除も予防になる。寄生後、成虫になると治療は困難で、駆虫しても死骸が肺動脈に詰まって死亡する恐れがある。

おわりに　～人と野良猫の近未来

「猫の保護団体の目標は？」と聞かれたら「とりあえず外に猫がいなくなることです」と答えます。

野良猫と呼ばれる猫たちを見かけると「かわいい！」と同時に、心配でドキドキします。

猫がゆったりできている環境・街は好きです。いいなとさえ思います。でもその光景は、すぐに痛みに取って代わります。

日向ぼっこしているいい顔の猫たち。ゆっくり優雅に路地裏に消えていく猫たち。おいしいごはんをもらえるお家があって、丸々といい体格になっている猫たち。

それらは、外で暮らす猫たちのほんの一部分。ラッキーな一時期のことだと知っています。運良くご家庭に迎えられたりしなければ、外での動物の最期は悲惨なものになります。治療も緩和ケアもなし。

動物に関しては理想の国と、メディアで語られ続けるドイツ。実態はどうなのでしょう。数年前、ドイツのドキュメンタリーチームが東京キャットガーディアンに取材にお越しになったときにお聞きしてみました。

「ドイツは犬猫を殺さないって聞きますが？」

「ティアハイムが引き受けるんです。安楽死はありますよ」

「施設はいっぱいにならないんですか？」

「日本のようにたくさんいませんから」


〝数が少ない〟。

そこに至るまでにはやはり厳しい道のりがあったかと思いますが、いま現在の外での生息数が極端に少なければ、処分数を限りなくゼロ近くに抑えて人と伴侶動物はいまどきの暮らし方ができるのです。


「地域猫」という、とてもいい考え方が導入されて相当な歳月が経ちます。去勢・不妊手術を行って過剰繁殖を抑制し、一世代限りの命として共に暮らし、なるべく全うさせてあげる。外にいる猫たちを減らしていくこの活動が徹底されていけば、やがて野良と呼ばれる猫たちは緩やかにいなくなります。

「全部を手術しきれない」という意見は笑止です。人から必ずごはんをもらって生きるということは、手術のための餌付けと保護ができるということです。官民あげて徹底して実施すればいいと思います。

子猫たちが生まれるシーズンには、団体への保護依頼も急増します。誰だって、見捨てるのは嫌でしょう。それは、猫をあまり好きでない人も同じ。警察や保健所に持ち込むのだって、目の前で死なれたくはないからです。

「誰も望まない殺処分。足りないのは愛情ではなくシステム」

このモットーを掲げて、行政や民間からの猫たちの受け入れ・ケア・譲渡事業を行ってきました。野良猫と呼ばれる猫たちの手術専門「そとねこ病院」も運営しています。簡単に助ける方法があれば、ほとんどの人がそれを選択すると思います。日本人は基本的に殺生を好まないのです。

犬も猫も、人が手を加えて作り込んできた動物です。人の手なしに生きられないのですから、同様の立場の家畜が野放しで生活していないように、猫も屋内で人の管理下でのみ暮らしていく世界を目指すのがあるべき姿と思います。

「むかし、猫は外にもいたんだよ」

そんな未来を目指して。

東京キャットガーディアン代表　山本葉子

監修 NPO法人　東京キャットガーディアン

東京都最大の保護猫団体。代表、山本葉子。東京動物愛護相談センターなどに収容された猫を預かり、里親探しを行っている。東京・大塚に猫カフェスペースを設けた開放型シェルター（保護猫カフェ）をもつ。一般向けに猫の飼い方セミナーを開いたり、猫付きマンション、猫付きシェアハウスなどの不動産業を手掛けるなど画期的な活動を続けている。猫の譲渡数は累計6000頭（2017年12月時点）。本書は東京キャットガーディアン附属動物病院・獣医師の村上達朗氏にもご協力いただいた。

http://www.tokyocatguardian.org/

猫に関するご相談事は…

わんにゃん110番へ　0570-032-110（ナビダイヤル）

東京キャットガーディアンは、
猫に関する電話相談を24時間年中無休でお受けしています。

- お電話が混み合うこともあります。その際は少し時間をおいておかけ直し下さい。
- 多くの方のご相談に対応するために、お話が長時間になる場合は一旦お切り頂いて、他の方のご相談受付をさせて頂く場合があります。あらかじめご了承下さい（緊急性の高いものを優先することもあります）。
- ご相談は無料ですが、通話料のご負担がかかります。
- お電話でできること以外の対応はご要望に応じられない場合もありますことをあらかじめご了承下さい。

企画・編集・執筆

富田園子（とみた　そのこ）

ペットの雑誌、書籍を多く手掛けるライター、編集者。日本動物科学研究所会員。担当した本に『マンガでわかる猫のきもち』『猫とさいごの日まで幸せに暮らす本』（ともに大泉書店）、『猫を飼う前に読む本』『ねこ語会話帖』（ともに誠文堂新光社）など。飼い猫は7頭、全員元野良猫。

STAFF

カバー&本文デザイン
室田潤（細山田デザイン事務所）

撮影
宮本亜沙奈

イラスト
高橋由季

野良猫の拾い方

2018年9月2日　発行

監修者	NPO法人　東京キャットガーディアン
発行者	佐藤龍夫
発行所	株式会社大泉書店
	〒162-0805　東京都新宿区矢来町27
	電話　03-3260-4001（代表）
	FAX　03-3260-4074
	振替　00140-7-1742
	URL　http://www.oizumishoten.co.jp/
印刷所	半七写真印刷工業株式会社
製本所	株式会社明光社

ISBN978-4-278-03960-3　C0076　R38